数学からやりなおす!!
大学生のための
リメディアル 力学入門

樋口 勝一・瀬波 大土 著

晃 洋 書 房

はじめに

本書を刊行するにあたって，著者は次のことを強く意識した．
『物理を学習する前に，物理を記述するための道具としての数学を身につけておくべきである』
そのため，本書では，物理に必要な数学の基礎を一から学習する内容に多くのページを割いている．本書を手に取った読者の中には，「力学の本ではなく，数学の本ではないか」と思われた人もいるかもしれない．最近よく，数学教育を軽視する発言を耳にする．「将来生きていくために，直接，数学は必要ない」，「数学よりも直ちに役に立つ勉強をするべきだ」などである．「算数ができない大学生」で江沢洋先生が『因数分解も教材なら二次方程式も教材である．これらは数学のためだけに教えられているのではない．』とおっしゃられているが，まさに同感である．数学教育について，著者は専門外なので詳しくは議論しないが，数学は「生きていくための力」を身につけるための良い「教材」で，直接使われなくとも，間接的に大いに役立つ学問だと思っている．もちろん，物理や工学を専攻とする学生は，直接的に数学を使うため，絶対に数学の学習を避けて通ることはできない．この場合の数学は「教材」というよりもむしろ「絶対必要な道具」である．数学を身につけずに物理を学習することは，ひらがなや漢字の読み書きを勉強せずして国語の学習を始めようとするのと同じことではないか．昨今，数式を使わずに物理を学ぶという形式の本が数多く出版されているが，これらの本では，読者の対象が一般の人になっているのである．そのために，物理の中身や途中の数学的裏づけよりも，物理で説明できる結果としての現象について書かれていることが多い．これはこれで，対象が一般読者なので問題はないし，むしろ興味を持ってもらうためにはその方が良いのである．ただし，これから理学や工学を専攻しようとする学生にとっては，中身と途中経過を知る必要があるし，時には自分でそれを書き出せるようにしなければならない．これらの学生にとっては，数学は絶対必要なのである．

ところで，第2編の力学入門編ではさまざまな現象を数学を使って説明した．ここでは，生活上の具体例よりも，「単純化したモデル」（数値的にも）を取り上げることで，数式を見ながら物理を理解してもらえるよう配慮した．また，少し高度な内容として，解析力学の説明も盛り込んだ．解析力学が実際にどの

ような場面で役に立つのか今はわからないかもしれないが，物理学がいかに単純で美しいものかを理解する一助となれば幸いである．

さらに，巻末付録として，力学入門編の各ケースについて，自分で練習できるように練習問題をつけておいた．

本書の著者は，京都大学大学院原子核工学専攻基礎物理グループ出身である．我々2人が今日，素粒子論の研究が続けられるのも，師匠である山本克治教授のおかげである．心より感謝申し上げたい．

本書の刊行にあたって，いつものことながら，無理を聞いていただいた晃洋書房の上田芳樹代表取締役様に厚く御礼申し上げたい．

なお，本書は，神戸海星女子学院大学からの研究出版助成を受けることで出版された．学校法人海星女子学院にも謝辞を申し上げる．

2006年8月

樋口勝一
瀬波大土

目　次

はじめに

物理数学編

乗法公式 1	2
乗法公式 2	4
乗法公式 3	5
因数分解 1	6
因数分解 2	7
因数分解 3	8
因数分解 4	9
平　方　根	10
分母の有理化	11
2 次方程式 1	12
因数分解 5	13
2 次方程式 2	14
弧　度　法	16
三角関数 1	18
三角関数 2	20
三角方程式	21
三角不等式	23
指　数　1	25
指　数　2	26
対　数　1	27
対　数　2	28
対　数　3	29
導　関　数	31
微　分　1	33
微　分　2	34
微　分　3	35
微　分　4	37

微分 5	38
偏微分	39
不定積分 1	40
不定積分 2	41
不定積分 3	42
不定積分 4 〜三角関数	43
不定積分 5 〜指数関数など	44
定積分 1	45
定積分 2	47
多重積分	48
微分方程式 1	49
微分方程式 2	50
微分方程式 3	51
微分方程式 4	52
微分方程式 5	54
ベクトルの合成 1	55
ベクトルの合成 2	56
ベクトルの合成 3	58
ベクトルの合成 4	59
ベクトルの分解 1	60
ベクトルの分解 2	61
ベクトルの分解 3	62
ベクトルの成分表示 1	63
ベクトルの成分表示 2	65
単位ベクトル	66
ベクトルの成分表示 3	67
ベクトルの内積 1	68
ベクトルの内積 2	69
空間ベクトル	70
ベクトルの外積 1	71
ベクトルの外積 2	72
行列の加減	73
行列の積	74
回転行列	76
行列式 1	78
行列式 2	79

極 座 標 1	81
極 座 標 2	83
極座標における積分 1	85
極座標における積分 2	86
ヤコビアン 1	87
ヤコビアン 2	89

力学入門編

力学を勉強する前に …………………………………… 91
　●単位系について（91）　●物理で使う記号について（92）

速さと速度 …………………………………………………… 93
　●速さとは（93）　●速度とは（93）　●相対速度（95）

加 速 度 …………………………………………………… 97
　●加速度（97）　●加速度から速度をもとめる（98）
　●速度から変位をもとめる（99）　●鉛直落下運動（100）

運動の法則 …………………………………………………… 104
　●運動の法則（104）
　●物体に作用する力がわかれば物体の運動がわかる！（108）

さまざまな運動 …………………………………………… 115
　●放物運動（115）　●円運動（117）

仕事とエネルギー・摩擦 ……………………………… 121
　●仕事・仕事率（121）　●エネルギー（124）　●摩　擦（128）
　●ば　ね（131）

単 振 動 …………………………………………………… 136
　●単振動（調和振動）（136）　●減衰振動と強制振動（139）

重 力 ……………………………………………………… 142
　●重　力（142）

運動量・力のモーメントと角運動量 ……………… 145
　●運動量（145）　●力のモーメント（147）　●角運動量（149）

座 標 変 換 ………………………………………………… 153
　●慣性系とは（153）　●並進変換（153）　●回転変換（155）
　●ガリレイ変換（159）

解析力学入門 ……………………………………………… 162
　●解析力学とは（162）　●オイラー・ラグランジュ方程式（162）
　●ハミルトンの正準方程式（167）

付　　録

力学入門練習問題 ……………………………………………………… 169
　練習 1〜52 ……………………………………………………………… 169
　練習問題解答例 ………………………………………………………… 183

あとがき ………………………………………………………………… 187

♪♪コラム♪♪
　対称性と保存則 ………………………………………………………… 161

数学からやりなおす!!
大学生のための
リメディアル力学入門

物理数学編

乗法公式 1

例題

次の式を展開しなさい．
(1) $4a(x+3)$　　(2) $(3a+2)(2b-5)$　　(3) $(2x+3)(5x+4)$

◎ポイント

以下の公式を覚えておこう．

☆乗法公式①
$$(a+b)=ac+bc \quad (分配法則)$$
$$ab=ba \quad (交換法則)$$

また，$(a+b)(c+d)$ の計算方法は，
$$(a+b)(c+d)=ac+ad+bc+bd$$
である．このとき，$c=a$，$d=b$ ならば，
$$(a+b)(c+d)=(a+b)(a+b)=(a+b)^2$$
$$=a^2+ab+ba+b^2=a^2+2ab+b^2$$
$c=a$，$d=-b$ ならば，
$$(a+b)(c+d)=(a+b)(a-b)$$
$$=a^2-ab+ba+b^2=a^2-b^2$$
となる．これらの公式については，次ページで練習する．

（解説）
(1) （与式）$=4ax+4a\cdot 3=4ax+12a$
(2) （与式）$=3a\cdot 2b+3a(-5)+2\cdot 2b+2(-5)=6ab-15a+4b-10$

(3)
$$\begin{array}{r} 2x + 3 \\ \times)\ 5x + 4 \\ \hline 2\cdot 4x + 3\cdot 4 \\ 2\cdot 5x^2 + 3\cdot 5x \\ \hline 10x^2 + (8+15)x + 12 = 10x^2 + 23x + 12 \end{array}$$

[演習] 次の式を展開しなさい．

(1) $2x(3a+5)$

(2) $(5x-3)(3y+1)$

(3) $(4x-3)(2x+5)$

(解答)
(1) $6ax+10x$　(2) $15xy+5x-9y-3$　(3) $8x^2+14x-15$

乗法公式 2

例 題

次の式を展開しなさい．
(1) $(x+3)^2$ (2) $(3x-2)^2$ (3) $(4x-5)(4x+5)$

◎ポイント

以下の公式を覚えておこう．

☆乗法公式②
$$(a \pm b)^2 = a^2 \pm 2ab + b^2$$
$$(a-b)(a+b) = a^2 - b^2$$

（解説）
(1) （与式）$= x^2 + 2 \cdot x \cdot 3 + 3^2 = x^2 + 6x + 9$
(2) $(3x) = X$ とおく．
　　（与式）$= X^2 - 2 \cdot X \cdot 2 + 2^2 = X^2 - 4X + 4$
　　　　　$= (3x)^2 - 4(3x) + 4 = 9x^2 - 12x + 4$
(3) （与式）$= (4x)^2 - 5^2 = 16x^2 - 25$

［演習］ 次の式を展開しなさい．

(1) $(x-3)^2$ (2) $(x+4)^2$
(3) $(2x+3)^2$ (4) $(4x-3y)^2$
(5) $(5x-2)(5x+2)$ (6) $(2a-3b)(2a+3b)$

（解答）
(1) $x^2 - 6x + 9$ (2) $x^2 + 8x + 16$ (3) $4x^2 + 12x + 9$ (4) $16x^2 - 24xy + 9y^2$
(5) $25x^2 - 4$ (6) $4a^2 - 9b^2$

乗法公式3

> **例 題**
>
> 次の式を展開しなさい．
> (1) $(x-2)(x+3)$ (2) $(2x+3)(3x-5)$ (3) $(3x+2)^3$

◎ポイント

以下の公式を覚えておこう．

> ☆乗法公式③
> $$(x+a)(x+b) = x^2 + (a+b)x + ab$$
> $$(ax+b)(cx+d) = acx^2 + (ad+bc)x + bd$$
> $$(a \pm b)^3 = a^3 \pm 3a^2b + 3ab^2 \pm b^3$$

（解説）

(1) （与式）$= x^2 + \{(-2)+3\}x + (-2)\cdot 3 = x^2 + x - 6$

(2) （与式）$= 2\cdot 3 x^2 + \{2\cdot(-5)+3\cdot 3\}x + 3\cdot(-5) = 6x^2 - x - 15$

(3) $(3x) = X$ とおく。
 （与式）$= X^3 + 3X^2\cdot 2 + 3\cdot X\cdot 2^2 + 2^3 = X^3 + 6X^2 + 12X + 8$
 $\qquad = (3x)^3 + 6(3x)^2 + 12(3x) + 8 = 27x^3 + 54x^2 + 36x + 8$

［演習］ 次の式を展開しなさい．

(1) $(x+4)(x-7)$ (2) $(a+2b)(a+5b)$

(3) $(3x-2)(5x+3)$ (4) $(2a+5b)(4a-3b)$

(5) $(a+2)^3$ (6) $(4x-3)^3$

（解答）
(1) $x^2 - 3x - 28$ (2) $a^2 + 7ab + 10b^2$ (3) $15x^2 - x - 6$ (4) $8a^2 + 14ab - 15b^2$
(5) $a^3 + 6a^2 + 12a + 8$ (6) $64x^3 - 144x^2 + 108x - 27$

因数分解 1

例題

次の式を因数分解しなさい．
(1) $4x^2 - 12x + 9$
(2) $49a^2 - 36b^2$

◎ポイント

　因数を見つけ素早く因数分解するためには，経験を積むしかない．そこで，この章では多くの因数分解の例に慣れてもらいたい．しかし，後で述べるようにある式 $f(x)$ の因数分解は，その式を 0 とおいた $f(x)=0$ という式を満たす解 x の値と密接につながっている．この方法については 2 次方程式の学習を終えてから再び触れることにする．

　以下の公式を覚えておこう．

☆因数分解①
$$a^2 \pm 2ab + b^2 = (a \pm b)^2$$
$$a^2 - b^2 = (a-b)(a+b)$$

（解説）
(1) $4x^2 = (2x)^2$, $9 = 3^2$ より，$(2x-3)^2$ を疑ってみる．確かに，$(2x-3)^2 = $ (与式) となるので，$(2x-3)^2$ である．
(2) (与式) $= (7a)^2 - (6b)^2$
　　　　$= (7a-6b)(7a+6b)$

[演習] 次の式を因数分解しなさい．
(1) $x^2 + 4x + 4$
(2) $25x^2 - 20x + 4$
(3) $x^2 - 9$
(4) $4a^2 - 25b^2$

（解答）
(1) $(x+2)^2$　(2) $(5x-2)^2$　(3) $(x-3)(x+3)$　(4) $(2a-5b)(2a+5b)$

因数分解 2

例題

次の式を因数分解しなさい．
(1) $x^2 - x - 6$ 　　　(2) $4x^2 - 4x - 15$

◎ポイント

以下の公式を覚えておこう．

☆因数分解②
$$x^2 + \underbrace{(a+b)}_{\text{たして}} x + \underbrace{ab}_{\text{かけて}} = (x+a)(x+b)$$

（解説）
(1) たして「-1」，かけて「-6」になる2つの数を「勘（カン）」で探す．もとめる2つの数は -3 と 2 である．よって，$(x-3)(x+2)$ となる．
(2) $(2x) = X$ とおく．
　　（与式）$= X^2 - 2X - 15$
　　たして「-2」，かけて「-15」になる2数を「勘」で探す．もとめる2つの数は -5 と 3 である．よって，$(X-5)(X+3) = (2x-5)(2x+3)$ となる．

［演習］ 次の式を因数分解しなさい．
(1) $x^2 - 4x + 3$ 　　　(2) $x^2 + 5x - 6$
(3) $4x^2 - 4x - 3$ 　　　(4) $9x^2 + 21x + 10$

（解答）
(1) $(x-1)(x-3)$　(2) $(x-1)(x+6)$　(3) $(2x-3)(2x+1)$　(4) $(3x+2)(3x+5)$

因数分解 3

例 題

$6x^2 - x - 15$ を因数分解しなさい．

◎ポイント

　たすきがけの方法を覚えておこう．

（解説）

たすきがけの方法で因数分解後の各係数をもとめる．

```
    6x²－x－15
     ↓    ↓
    6x  ╲ －3  →  1×(－3) ＝ －3
    1x  ╱   5  →  6×  5  ＝  30    ( ＋
   ─────────────────────────────
    6×1   －3×5              27
```

かけて 6 になる組合せ　　かけて －15 になる組合せ

上記の組合せは不適なので，他の組合せを考える．

```
    2x  ╲  3  →   9
    3x  ╱ －5  → －10
   ───────────────────
    2×3   3×(－5)   －1
```

これは x の係数「－1」に合致する．

```
   ⌢2x⌢     ⌢3⌢  →   9
   ⌢3x⌢    ⌢－5⌢ → －10
   ───────────────────
    2×3   3×(－5)   －1
```

上記だ円をひとかたまりにして，$(2x+3)(3x-5)$ となる．

[演習]　次の式を因数分解しなさい．

(1)　$6x^2 - 5x - 6$　　　　　　(2)　$3a^2 - 10ab - 8b^2$

（解答）

(1) $(2x-3)(3x+2)$　　(2) $(3a+2b)(a-4b)$

因数分解 4

例 題

次の式を因数分解しなさい．
(1) x^3+125 (2) $27a^3-8b^3$

◎ポイント

以下の公式を覚えておこう．

☆因数分解③
$$a^3 \pm b^3 = (a \pm b)(a^2 \mp ab + b^2)$$

（解説）
(1) （与式）$= x^3+5^3 = (x+5)(x^2-5x+25)$
(2) （与式）$= (3a)^3-(2b)^3 = (3a-2b)(9a^2+6ab+4b^2)$

[演習] 次の式を因数分解しなさい．
(1) x^3+8 (2) x^3-27
(3) $8a^3+125b^3$ (4) $27x^3-y^3$

（解答）
(1) $(x+2)(x^2-2x+4)$ (2) $(x-3)(x^2+3x+9)$ (3) $(2a+5b)(4a^2-10ab+25b^2)$
(4) $(3x-y)(9x^2+3xy+y^2)$

平 方 根

> **例 題**
>
> 次の式を計算しなさい．
> (1) $\sqrt{8}\times\sqrt{6}$ (2) $\sqrt{18}+2\sqrt{32}-\sqrt{200}$

◎ポイント

　平方根内で2乗が出てきたら，外に1乗としてくくり出す．

例．$\sqrt{72}=\sqrt{2\times2\times2\times3\times3}=\sqrt{(2\times3)^2\times2}=(2\times3)\sqrt{2}=6\sqrt{2}$

（解説）
(1) （与式）$=\sqrt{48}=\sqrt{2\times2\times2\times2\times3}=\sqrt{(2\times2)^2\times3}=(2\times2)\sqrt{3}=4\sqrt{3}$
(2) （与式）$=\sqrt{2\times3\times3}+2\sqrt{2\times2\times2\times2\times2}-\sqrt{2\times2\times2\times5\times5}$
　　　　　$=3\sqrt{2}+8\sqrt{2}-10\sqrt{2}=(3+8-10)\sqrt{2}=\sqrt{2}$

[演習]　次の式を計算しなさい．

(1) $\sqrt{18}\times\sqrt{6}$ (2) $\sqrt{5}\times\sqrt{6}\times\sqrt{24}$
(3) $\sqrt{32}-\sqrt{18}+\sqrt{50}$ (4) $\sqrt{75}-\sqrt{48}-\sqrt{3}$

（解答）
(1) $6\sqrt{3}$ (2) $12\sqrt{5}$ (3) $6\sqrt{2}$ (4) 0

分母の有理化

例 題

次の式を有理化しなさい．

(1) $\dfrac{7}{\sqrt{3}}$ (2) $\dfrac{2}{\sqrt{5}-\sqrt{3}}$

◎ポイント

1. $\dfrac{*}{\sqrt{a}}$ タイプは分子と分母それぞれに $\sqrt{a}$ をかける．

2. $\dfrac{*}{\sqrt{a}-\sqrt{b}}$（又は，$\dfrac{*}{\sqrt{a}+\sqrt{b}}$）タイプは分子と分母それぞれに $\sqrt{a}+\sqrt{b}$（又は，$\sqrt{a}-\sqrt{b}$）をかける．

（解説）

(1) （与式）$=\dfrac{7\times\sqrt{3}}{\sqrt{3}\times\sqrt{3}}=\dfrac{7\sqrt{3}}{3}$

(2) （与式）$=\dfrac{2(\sqrt{5}+\sqrt{3})}{(\sqrt{5}-\sqrt{3})(\sqrt{5}+\sqrt{3})}=\dfrac{2(\sqrt{5}+\sqrt{3})}{2}=\sqrt{5}+\sqrt{3}$

［演習］ 次の式を有理化しなさい．

(1) $\dfrac{2}{\sqrt{5}}$ (2) $\dfrac{3}{\sqrt{8}}$

(3) $\dfrac{2}{\sqrt{7}+\sqrt{3}}$ (4) $\dfrac{3}{\sqrt{10}-\sqrt{3}}$

（解答）

(1) $\dfrac{2\sqrt{5}}{5}$ (2) $\dfrac{3\sqrt{2}}{4}$ (3) $\dfrac{\sqrt{7}-\sqrt{3}}{2}$ (4) $\dfrac{3(\sqrt{10}+\sqrt{3})}{7}$

2次方程式 1

> **例題**
>
> 次の2次方程式を因数分解によって解きなさい．
> (1) $x^2-5x-6=0$　　　　(2) $6x^2+5x-6=0$

◎ポイント

2次方程式 $ax^2+bx+c=0$ を因数分解を用いて解く．

まず，左辺を因数分解して，$a(x-\alpha)(x-\beta)=0$ となる．

すると，$x=\alpha,\ \beta$ のときに，この2次方程式がみたされるのは当然であるので，$x=\alpha,\ \beta$ となる．

（解説）

(1) （与式）$=(x+1)(x-6)=0$　　$\therefore x=-1,\ 6$

(2) （与式）$=(2x+3)(3x-2)=0$　　$\therefore x=-\dfrac{3}{2},\ \dfrac{2}{3}$

[演習]　次の2次方程式を因数分解によって解きなさい．

(1) $x^2-6x-16=0$　　　　(2) $x^2+7x-18=0$

(3) $3x^2+10x-8=0$　　　　(4) $4x^2-7x-15=0$

（解答）

(1) $x=-2,\ 8$　(2) $x=-9,\ 2$　(3) $x=-4,\ \dfrac{2}{3}$　(4) $x=-\dfrac{5}{4},\ 3$

因数分解 5

例 題

次の式を因数分解しなさい．
$$4x^3 - 13x^2 + 9$$

◎ポイント

p.12 の例題(1)では，$x^2 - 5x - 6 = 0$ を $(x+1)(x-6) = 0$ のように因数分解を用いて解いた．逆にいうと，ある式 $f(x) = 0$ の解となる x が分かれば，$f(x)$ を因数分解することができる．

例えば，$f(x) = 0$ が $x = 2$ の解を持つなら，
$$f(x) = (x - 2) g(x)$$
のように因数分解できるのである．

この方法は，2次式よりも高次式の場合は特に便利である．

（解説）

与式に $x = 1$ を代入してみると，$4 - 13 + 9 = 0$ となる．したがって，与式は $x - 1$ を因数に持つ（$x - 1$ で割り切れる）．

$$\therefore 4x^3 - 13x^2 + 9 = (x - 1)(4x^2 - 9x - 9)$$
$$= (x - 1)(x - 3)(4x + 3)$$

となる．

[演習] 次の式を因数分解しなさい．
$$6x^3 - 5x^2 - 17x + 6$$

（解答）
$(x - 2)(2x + 3)(3x - 1)$

2次方程式2

例題

次の2次方程式を解の公式を使って解きなさい．
(1) $4x^2+5x+1=0$　　(2) $3x^2-5x+1=0$

◎ポイント

2次方程式 $ax^2+bx+c=0$ を解の公式で解く．

☆2次方程式の解の公式
$$x=\frac{-b\pm\sqrt{b^2-4ac}}{2a}$$

（解説）

(1) $x=\dfrac{-5\pm\sqrt{5^2-4\cdot4\cdot1}}{2\cdot4}=-1,\ -\dfrac{1}{4}$

(2) $x=\dfrac{-(-5)\pm\sqrt{(-5)^2-4\cdot3\cdot1}}{2\cdot3}=\dfrac{5\pm\sqrt{13}}{6}$

[演習] 次の2次方程式を解の公式を使って解きなさい．
(1) $6x^2+11x-10=0$　　(2) $6x^2-23x-4=0$
(3) $x^2+6x+3=0$　　(4) $2x^2-7x+4=0$

（解答）

(1) $x=-\dfrac{5}{2},\ \dfrac{2}{3}$　(2) $x=-\dfrac{1}{6},\ 4$　(3) $x=-3\pm\sqrt{6}$　(4) $\dfrac{7\pm\sqrt{17}}{4}$

★補足〜2次方程式の解の公式の導出

2次方程式 $ax^2+bx+c=0$ を解く．

$$ax^2+bx+c=0$$

$$a\left(x^2+\frac{b}{a}x\right)+c=0$$

括弧内を2乗の形でまとめる．

$$a\left(x+\frac{b}{2a}\right)^2-\frac{b^2}{4a}+c=0$$

定数項を右辺にまとめる．

$$\left(x+\frac{b}{2a}\right)^2=\frac{b^2-4ac}{4a^2}$$

2乗をはずす．

$$x+\frac{b}{2a}=\frac{\pm\sqrt{b^2-4ac}}{2a}$$

$$x=-\frac{b}{2a}\pm\frac{\sqrt{b^2-4ac}}{2a}$$

$$x=\frac{-b\pm\sqrt{b^2-4ac}}{2a}$$

となる．

弧 度 法

 日常生活では角度は「度」で表すのが普通であるが，物理では「rad(ラジアン)」で表すのが一般的である．この角度を「rad」で表記する方法を弧度法と呼ぶ．「rad」は一周を 2π としたときの角度であるので(円周が半径$\times 2\pi$であることを思い出そう)，

$$\frac{x°}{360} = \frac{y\,\mathrm{rad}}{2\pi}$$

の関係があることに注意しよう．

例 題

次の角度の単位を変換しなさい．

(1) $120[度]$ (2) $\dfrac{5}{3}\pi[\mathrm{rad}]$

◎ポイント

 角度の変換公式を暗記しておこう．

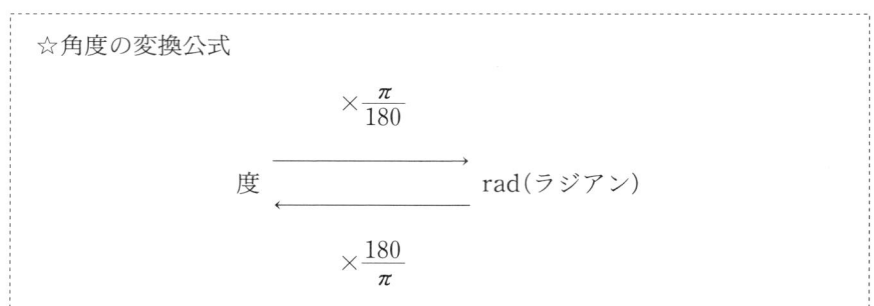

(解説)

(1) $120 \times \dfrac{\pi}{180} = \dfrac{2}{3}\pi [\mathrm{rad}]$ (2) $\dfrac{5}{3}\pi \times \dfrac{180}{\pi} = 300 [度]$

[演習] 次の表の空欄をうめなさい．

rad	$\frac{\pi}{6}$		$\frac{\pi}{3}$	$\frac{\pi}{2}$		$\frac{3}{4}\pi$			$\frac{7}{6}\pi$	$\frac{5}{4}\pi$	$\frac{4}{3}\pi$			$\frac{7}{4}\pi$	$\frac{11}{6}\pi$
度		45			120		150	180				270	300		

(解答)

rad	$\frac{\pi}{6}$	$\frac{\pi}{4}$	$\frac{\pi}{3}$	$\frac{\pi}{2}$	$\frac{2}{3}\pi$	$\frac{3}{4}\pi$	$\frac{5}{6}\pi$	π	$\frac{7}{6}\pi$	$\frac{5}{4}\pi$	$\frac{4}{3}\pi$	$\frac{3}{2}\pi$	$\frac{5}{3}\pi$	$\frac{7}{4}\pi$	$\frac{11}{6}\pi$
度	30	45	60	90	120	135	150	180	210	225	240	270	300	315	330

三角関数1

例 題

$\theta = \dfrac{7}{6}\pi$ の三角関数をもとめなさい．

◎ポイント

　θ の三角関数のもとめ方は，
① 単位円(半径1)を書く．
② 単位円上に x 軸正方向から，角度 θ の点Pを取る．
③ Pと原点Oを結ぶ．
④ Pから x 軸に垂線を下ろし，直角三角形を完成させる．
⑤ 直角三角形の辺の

$\qquad x$ 方向を $\cos\theta$ （$-1 \leq \cos\theta \leq 1$）
$\qquad y$ 方向を $\sin\theta$ （$-1 \leq \sin\theta \leq 1$）
$\qquad \sin\theta \div \cos\theta = \tan\theta$

とする．

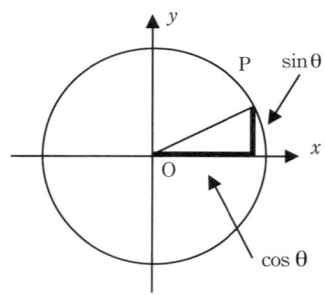

（解説）

　右図のように単位円内に直角三角形を書く．

x 方向は $-\dfrac{\sqrt{3}}{2}$，y 方向は $-\dfrac{1}{2}$ である．

$\therefore \cos\theta = -\dfrac{\sqrt{3}}{2}$，$\sin\theta = -\dfrac{1}{2}$．

また，$\tan\theta = \sin\theta \div \cos\theta = \dfrac{1}{\sqrt{3}}$．

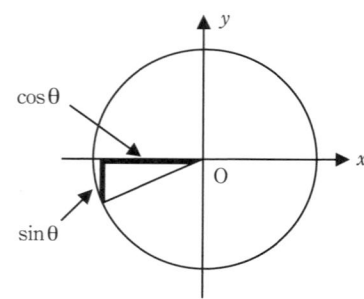

物理数学編　19

[演習]　次の角度の三角関数をもとめなさい．

角度	$\dfrac{\pi}{6}$	$\dfrac{\pi}{4}$	$\dfrac{\pi}{3}$	$\dfrac{2}{3}\pi$	$\dfrac{3}{4}\pi$	$\dfrac{5}{6}\pi$	$\dfrac{7}{6}\pi$	$\dfrac{5}{4}\pi$	$\dfrac{4}{3}\pi$	$\dfrac{5}{3}\pi$	$\dfrac{7}{4}\pi$	$\dfrac{11}{6}\pi$
$\sin\theta$												
$\cos\theta$												
$\tan\theta$												

(解答)

角度	$\dfrac{\pi}{6}$	$\dfrac{\pi}{4}$	$\dfrac{\pi}{3}$	$\dfrac{2}{3}\pi$	$\dfrac{3}{4}\pi$	$\dfrac{5}{6}\pi$	$\dfrac{7}{6}\pi$	$\dfrac{5}{4}\pi$	$\dfrac{4}{3}\pi$	$\dfrac{5}{3}\pi$	$\dfrac{7}{4}\pi$	$\dfrac{11}{6}\pi$
$\sin\theta$	$\dfrac{1}{2}$	$\dfrac{1}{\sqrt{2}}$	$\dfrac{\sqrt{3}}{2}$	$\dfrac{\sqrt{3}}{2}$	$\dfrac{1}{\sqrt{2}}$	$\dfrac{1}{2}$	$-\dfrac{1}{2}$	$-\dfrac{1}{\sqrt{2}}$	$-\dfrac{\sqrt{3}}{2}$	$-\dfrac{\sqrt{3}}{2}$	$-\dfrac{1}{\sqrt{2}}$	$-\dfrac{1}{2}$
$\cos\theta$	$\dfrac{\sqrt{3}}{2}$	$\dfrac{1}{\sqrt{2}}$	$\dfrac{1}{2}$	$-\dfrac{1}{2}$	$-\dfrac{1}{\sqrt{2}}$	$-\dfrac{\sqrt{3}}{2}$	$-\dfrac{\sqrt{3}}{2}$	$-\dfrac{1}{\sqrt{2}}$	$-\dfrac{1}{2}$	$\dfrac{1}{2}$	$\dfrac{1}{\sqrt{2}}$	$\dfrac{\sqrt{3}}{2}$
$\tan\theta$	$\dfrac{1}{\sqrt{3}}$	1	$\sqrt{3}$	$-\sqrt{3}$	-1	$-\dfrac{1}{\sqrt{3}}$	$\dfrac{1}{\sqrt{3}}$	1	$\sqrt{3}$	$-\sqrt{3}$	-1	$-\dfrac{1}{\sqrt{3}}$

★三角関数の公式のまとめ
① $\sin^2\theta+\cos^2\theta=1$
② $\tan\theta=\dfrac{\sin\theta}{\cos\theta}$
③ $1+\tan^2\theta=\dfrac{1}{\cos^2\theta}$

③の公式は①と②の公式から導き出せるので特に暗記する必要はないが，導出できるようになっておこう．

三角関数 2

例 題

$\theta = \dfrac{3}{2}\pi$ の三角関数をもとめなさい．

◎ポイント

θ が $\dfrac{n\pi}{2}$ の場合は x 軸，または，y 軸と重なり単位円上に直角三角形を作ることができない．このときの三角関数は，$\cos\theta$, $\sin\theta$ のどちらかが 0 でもう一方が 1 となっている．

（解説）

右図のように単位円内に直線を描く．
x 方向は 0，y 方向は -1 である．
∴ $\cos\theta = 0$, $\sin\theta = -1$．

また，$\tan\theta = \sin\theta \div \cos\theta = -1 \div 0$
となり，無限大になるが 0 の符合は
わからないので定義されない．

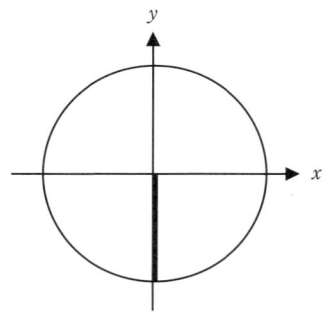

［演習］　次の角度の三角関数をもとめなさい．

角度	0	$\dfrac{\pi}{2}$	π	$\dfrac{3}{2}\pi$
$\sin\theta$				
$\cos\theta$				
$\tan\theta$				

（解答）

角度	0	$\dfrac{\pi}{2}$	π	$\dfrac{3}{2}\pi$
$\sin\theta$	0	1	0	-1
$\cos\theta$	1	0	-1	0
$\tan\theta$	0	なし	0	なし

三角方程式

> **例題**
>
> 次の三角方程式を解きなさい．ただし，$0 \leq \theta < 2\pi$ とする．
>
> (1) $\sin \theta = \dfrac{1}{2}$　　　(2) $\cos \theta = -\dfrac{1}{\sqrt{2}}$

◎ポイント

1. $\sin \theta = a$ のとき，θ の値をもとめるには，単位円と直線 $y=a$ との交点が示す角度をもとめればよい．
2. $\cos \theta = b$ のとき，θ の値をもとめるには，単位円と直線 $x=b$ との交点が示す角度をもとめればよい．

> ☆覚えておこう
> $\sin \theta \to y$
> $\cos \theta \to x$

（解説）

(1) 直線 $y=\dfrac{1}{2}$ を単位円上に書く．

単位円と直線の交点から

$\theta = \dfrac{\pi}{6},\ \dfrac{5}{6}\pi$

である．

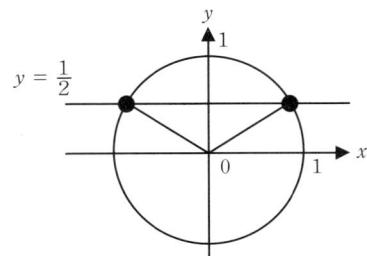

(2) 直線 $x=-\dfrac{1}{\sqrt{2}}$ を単位円上に書く．

単位円と直線の交点から

$\theta = \dfrac{3}{4}\pi,\ \dfrac{5}{4}\pi$

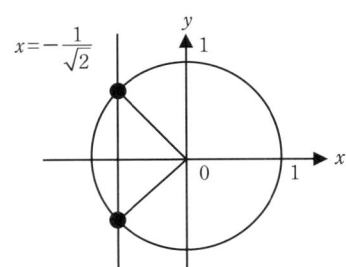

[**演習**] 次の三角方程式を解きなさい．ただし，$0 \leq \theta < 2\pi$ とする．

(1) $\sin\theta = -\dfrac{1}{2}$ (2) $\sin\theta = \dfrac{\sqrt{3}}{2}$

(3) $\sin\theta = -\dfrac{1}{\sqrt{2}}$ (4) $\sin\theta = -\dfrac{\sqrt{3}}{2}$

(5) $\sin\theta = \dfrac{1}{\sqrt{2}}$ (6) $\sin\theta = 0$

(7) $\sin\theta = 1$ (8) $\cos\theta = \dfrac{\sqrt{3}}{2}$

(9) $\cos\theta = -\dfrac{1}{2}$ (10) $\cos\theta = \dfrac{1}{\sqrt{2}}$

(11) $\cos\theta = -\dfrac{\sqrt{3}}{2}$ (12) $\cos\theta = \dfrac{1}{2}$

(13) $\cos\theta = 0$ (14) $\cos\theta = 1$

(解答)

(1) $\theta = \dfrac{7}{6}\pi, \dfrac{11}{6}\pi$ (2) $\theta = \dfrac{\pi}{3}, \dfrac{2}{3}\pi$ (3) $\theta = \dfrac{5}{4}\pi, \dfrac{7}{4}\pi$ (4) $\theta = \dfrac{4}{3}\pi, \dfrac{5}{3}\pi$

(5) $\theta = \dfrac{\pi}{4}, \dfrac{3}{4}\pi$ (6) $\theta = 0, \pi$ (7) $\theta = \dfrac{\pi}{2}$ (8) $\theta = \dfrac{\pi}{6}, \dfrac{11}{6}\pi$

(9) $\theta = \dfrac{2}{3}\pi, \dfrac{4}{3}\pi$ (10) $\theta = \dfrac{\pi}{4}, \dfrac{7}{4}\pi$ (11) $\theta = \dfrac{5}{6}\pi, \dfrac{7}{6}\pi$ (12) $\theta = \dfrac{\pi}{3}, \dfrac{5}{3}\pi$

(13) $\theta = \dfrac{\pi}{2}, \dfrac{3}{2}\pi$ (14) $\theta = 0$

三角不等式

例題

次の三角不等式を解きなさい．ただし，$0 \leq \theta < 2\pi$ とする．

(1) $\sin\theta < \dfrac{1}{2}$ 　　　(2) $\cos\theta > -\dfrac{1}{\sqrt{2}}$

◎ポイント

1. $\sin\theta = y$ とおき，不等式($y<a$ または $y>a$ など)のみたす，単位円上の角度 θ の範囲をもとめる．
2. $\cos\theta = x$ とおき，不等式($x<a$ または $x>a$ など)のみたす，単位円上の角度 θ の範囲をもとめる．

☆覚えておこう
$\sin\theta \rightarrow y$
$\cos\theta \rightarrow x$

(解説)

(1) 直線 $y = \dfrac{1}{2}$ を単位円上に書く．

単位円と直線の交点は $\theta = \dfrac{\pi}{6}, \dfrac{5}{6}\pi$ である．

$y < \dfrac{1}{2}$ をみたす範囲は，$0 \leq \theta < \dfrac{\pi}{6}$, $\dfrac{5}{6}\pi < \theta < 2\pi$ となる．

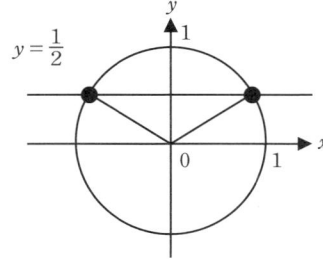

(2) 直線 $x = -\dfrac{1}{\sqrt{2}}$ を単位円上に書く．

単位円と直線の交点は $\theta = \dfrac{3}{4}\pi, \dfrac{5}{4}\pi$ である．$x > -\dfrac{1}{\sqrt{2}}$ をみたす範囲は，

$0 \leq \theta < \dfrac{3}{4}\pi$, $\dfrac{5}{4}\pi < \theta < 2\pi$ となる．

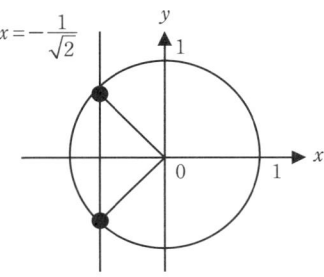

[演習] 次の三角不等式を解きなさい．ただし，$0 \leq \theta < 2\pi$ とする．

(1) $\sin\theta > \dfrac{\sqrt{3}}{2}$

(2) $\sin\theta < -\dfrac{1}{\sqrt{2}}$

(3) $\cos\theta \leq \dfrac{1}{2}$

(4) $\cos\theta \geq -\dfrac{\sqrt{3}}{2}$

(解答)

(1) $\dfrac{\pi}{3} < \theta < \dfrac{2}{3}\pi$ (2) $\dfrac{5}{4}\pi < \theta < \dfrac{7}{4}\pi$ (3) $\dfrac{\pi}{3} \leq \theta \leq \dfrac{5}{3}\pi$ (4) $0 \leq \theta \leq \dfrac{5}{6}\pi$, $\dfrac{7}{6}\pi \leq \theta < 2\pi$

指 数 1

例 題

次の計算をしなさい（式を簡単にしなさい）．
(1) $2^{0.8} \times 2^{3.2}$ (2) $2^{\frac{5}{2}} \times 2^{-\frac{1}{2}}$ (3) $(3^{\frac{2}{3}})^3$
(4) 4^0 (5) 3^{-2}

◎ポイント

指数の公式を暗記しておこう．

☆指数の公式
1．$a^m \times a^n = a^{m+n}$ 2．$a^m \div a^n = \dfrac{a^m}{a^n} = a^{m-n}$
3．$(a^m)^n = a^{m \times n}$ 4．$a^0 = 1$
5．$a^{-n} = \dfrac{1}{a^n}$ ※m, n が分数，小数でも成り立つ．
　　　　　　　　　　　　　　　※公式2は公式1と5から導出できる．

（解説）
(1) $2^{0.8+3.2} = 2^4 = 16$ (2) $2^{\frac{5}{2}+(-\frac{1}{2})} = 2^2 = 4$
(3) $3^{\frac{2}{3} \times 3} = 3^2 = 9$ (4) 公式4のとおり「1」となる．
(5) $\dfrac{1}{3^2} = \dfrac{1}{9}$

［演習］　次の計算をしなさい（式を簡単にしなさい）．
(1) $a^{0.3} \times a^{0.5}$ (2) $a^{\frac{5}{3}} \times a^{-\frac{2}{3}}$
(3) $a^5 \div a^2$ (4) $a^7 \div a^{-3}$
(5) $(a^3)^4$ (6) $(a^{1.2})^5$
(7) 6^0 (8) x^0
(9) a^{-3} (10) $a^{-\frac{1}{2}}$

（解答）
(1) $a^{0.8}$ (2) a (3) a^3 (4) a^{10} (5) a^{12} (6) a^6 (7) 1 (8) 1 (9) $\dfrac{1}{a^3}$ (10) $\dfrac{1}{a^{\frac{1}{2}}}$

指　数　2

> **例題**
>
> 次の式を簡単にしなさい．
>
> (1)　$(\sqrt[3]{5})^6$　　　　　　　　　　(2)　$\sqrt[3]{2^6}$

◎**ポイント**

3乗して2になる数は有理数では表せないので，平方根と同じような表記を用いて「$\sqrt[3]{2}$」と表す．

> ☆ n 乗根
> - n 乗して a になる数は「$\sqrt[n]{a}$」である（n が偶数のときは「$\pm\sqrt[n]{a}$」）
> - $\sqrt[n]{a}=a^{\frac{1}{n}}$, $\sqrt[n]{a^m}=a^{\frac{m}{n}}$ である．
>   ※ $\sqrt{a}=a^{\frac{1}{2}}$ である．

（解説）

(1)　$(5^{\frac{1}{3}})^6=5^{\frac{1}{3}\times 6}=5^2=25$　　　　(2)　$2^{\frac{6}{3}}=2^2=4$

[演習]　次の式を簡単にしなさい．

(1)　$(\sqrt[3]{12})^6$　　　　　　　　　　(2)　$\sqrt[5]{3^{15}}$

(3)　$\sqrt[4]{2^8}$　　　　　　　　　　　(4)　$(\sqrt[4]{8})^2$

（解答）
(1) 144　(2) 27　(3) 4　(4) $2\sqrt{2}$

対　数　1

> **例題**
>
> 次の式を計算しなさい．
>
> (1) $\log_2 8$　　　　　(2) $\log_2 \sqrt[5]{2}$

◎ポイント

$\log_a P = Q$ は，「P は a の何乗ですか？」⇒「Q 乗です．」という意味である．

> ☆対数
>
> 　　$\log_a P = Q \Leftrightarrow a^Q = P$
>
> ※「a」を対数の「底」と言い，$a>0$，$a \neq 1$ である．
> ※「P」を対数の「真数」と言い，$P>0$ である．

（解説）

(1) 「8」は 2 の 3 乗であるから，答えは「3」である．

(2) 「$\sqrt[5]{2}$」は 2 の $\dfrac{1}{5}$ 乗であるから，答えは「$\dfrac{1}{5}$」である．

[演習]　次の式を計算しなさい．

(1) $\log_2 16$　　　　　(2) $\log_3 9$

(3) $\log_2 \sqrt{2}$　　　　　(4) $\log_3 \sqrt[4]{3^5}$

（解答）

(1) 4　(2) 2　(3) $\dfrac{1}{2}$　(4) $\dfrac{5}{4}$

対 数　2

> **例題**
>
> 次の式を簡単にしなさい．
> (1) $\log_6 4 + \log_6 9$
> (2) $\log_2 12 - \log_2 3$
> (3) $\log_2 5^3$

◎ポイント

対数の公式を覚えておこう．

> ☆対数の公式①
> $$\log_a M + \log_a N = \log_a MN$$
> $$\log_a M - \log_a N = \log_a \frac{M}{N}$$
> $$\log_a M^r = r \log_a M$$

（解説）

(1) $\log_6 (4 \times 9) = \log_6 36 = 2$
(2) $\log_2 \frac{12}{3} = \log_2 4 = 2$
(3) $3 \log_2 5$

［演習］　次の式を簡単にしなさい．

(1) $\log_{10} 4 + \log_{10} 25$
(2) $\log_3 \frac{9}{5} + \log_3 15$
(3) $\log_2 24 - \log_2 3$
(4) $\log_5 8\sqrt{5} - \log_5 8$
(5) $\log_4 5^7$
(6) $\log_3 4^{\frac{1}{3}}$

（解答）

(1) 2　(2) 3　(3) 3　(4) $\frac{1}{2}$　(5) $7 \log_4 5$　(6) $\frac{1}{3} \log_3 4$

対　数　3

例題

次の問いに答えなさい．
(1) $\log_4 12$ の底を「2」に変換しなさい．
(2) $\log_4 27 \times \log_2 3^2$ を計算しなさい．（ヒント）底を「2」に変換する．

◎ポイント

対数の公式を覚えておこう．

☆対数の公式②〜底の変換公式
$$\log_a b = \frac{\log_c b}{\log_c a}$$
※「c」は，$c>0$，$c \neq 1$ をみたす任意の実数である．

（解説）

(1) $\dfrac{\log_2 12}{\log_2 4} = \dfrac{\log_2 12}{2} = \dfrac{1}{2} \log_2 12$

(2) $\dfrac{\log_2 27}{\log_2 4} \times 2\log_2 3 = \dfrac{\log_2 27}{2} \times 2\log_2 3 = \log_2 81 = \log_2 3^4 = 4\log_2 3$

[演習]　次の問いに答えなさい．
(1) $\log_8 5$ の底を「2」に変換しなさい．
(2) $\log_{\frac{1}{2}} 3$ の底を「3」に変換しなさい．
(3) $\log_9 3 \times \log_3 2^4$ を計算しなさい．（ヒント）底を「3」に変換する．
(4) $\log_4 8 \times 8\log_{16} 8$ を計算しなさい．（ヒント）底を「2」に変換する．

（解答）
(1) $\dfrac{\log_2 5}{3}$　(2) $\dfrac{1}{\log_3 \frac{1}{2}}$　(3) $2\log_3 2$　(4) 9

★補足～対数の公式の導出

・対数の公式①

$\begin{cases} a^X = M \\ a^Y = N \end{cases}$ とおくと, $\begin{cases} X = \log_a M \\ Y = \log_a N \end{cases}$ である.

(1) $MN = a^X \times a^Y = a^{X+Y}$. 底を a とする両辺の対数を取って,

$\log_a MN = \log_a a^{X+Y} = X + Y = \log_a M + \log_a N$

となる. $\therefore \log_a M + \log_a N = \log_a MN$

(2) $\dfrac{M}{N} = a^X \div a^Y = a^{X-Y}$. 底を a とする両辺の対数を取って,

$\log_a \dfrac{M}{N} = \log_a a^{X-Y} = X - Y = \log_a M - \log_a N$

となる. $\therefore \log_a M - \log_a N = \log_a \dfrac{M}{N}$

(3) $M^r = (a^X)^r = a^{rX}$. 底を a とする両辺の対数を取って,

$\log_a M^r = \log_a a^{rX} = rX = r \log_a M$

となる. $\therefore \log_a M^r = r \log_a M$

・対数の公式②

(4) $\log_a b = X$, $\log_c b = Y$, $\log_c a = Z$ とおくと,

$\begin{cases} a^X = b & \cdots (\text{ア}) \\ c^Y = b & \cdots (\text{イ}) \\ c^Z = a & \cdots (\text{ウ}) \end{cases}$ となる.

(ア), (イ)より, $a^X = c^Y \cdots (\text{エ})$

(ウ)より, $c = a^{\frac{1}{Z}} \cdots (\text{オ})$

(オ)を(エ)に代入すると, $a^X = c^Y = (a^{\frac{1}{Z}})^Y = a^{\frac{Y}{Z}}$ となる.

指数部分のみを比較すると, $X = \dfrac{Y}{Z}$, $\therefore \log_a b = \dfrac{\log_c b}{\log_c a}$ である.

導関数

> **例題**
> $f(x) = x^2 + 3x - 2$ の導関数 $f'(x)$ を定義にしたがってもとめなさい．また，$x=2$ における微分係数ももとめなさい．

◎**ポイント**

導関数とは

☆導関数の定義

関数 $f(x)$ に対し，その導関数は，
$$f'(x) = \frac{df(x)}{dx} \equiv \lim_{h \to 0} \frac{f(x+h) - f(x)}{h}$$
で定義される．また，$x=a$ における変化率を微分係数といい，
$$f'(a) = \frac{df(x)}{dx}\bigg|_{x=a} = \lim_{h \to 0} \frac{f(a+h) - f(a)}{h}$$
である．

微分演算には次のような性質がある（線形性）．
1. $(kf)' = kf'$　　k は定数
2. $(f+g)' = f' + g'$

（解説）
定義にしたがって，
$$\begin{aligned}
f'(x) &= \lim_{h \to 0} \frac{f(x+h) - f(x)}{h} \\
&= \lim_{h \to 0} \frac{\{(x+h)^2 + 3(x+h) - 2\} - \{x^2 + 3x - 2\}}{h} \\
&= \lim_{h \to 0} \frac{2xh + h^2 + 3h}{h} = \lim_{h \to 0} (2x + h + 3) = 2x + 3
\end{aligned}$$
となる．$x=2$ における微分係数は，
$$f'(2) = 2 \cdot 2 + 3 = 7$$
である．

[**演習**]　次の各関数の導関数 $f'(x)$ を定義にしたがってもとめなさい．また，$x=-1$ における微分係数ももとめなさい．

(1)　$f(x)=2x^2-6x+4$　　　　(2)　$f(x)=3x^4-5x^3+2$

(解答)
(1) $f'(x)=4x-6,\ f'(-1)=-10$
(2) $f'(x)=12x^3-15x^2,\ f'(-1)=-27$

微分 1

例題

$f(x) = 5x^3 - 2x^2 + 3x + 1 + x^{-2}$ のとき,$f(x)$ の導関数 $f'(x)$ と,$x = 1$ のときの微分係数 $f'(1)$ をもとめなさい.

◎ポイント

微分の公式を覚えておこう

☆微分の公式①

1. $(x^n)' = nx^{n-1}$
2. $(x)' = 1$
3. $(a)' = 0$ ※ a は定数.

(解説)

$f'(x) = 5 \times 3x^{3-1} - 2 \times 2x^{2-1} + 3 \times 1 + 0 + (-2)x^{-2-1} = 15x^2 - 4x + 3 - 2x^{-3}$

$f'(1) = 12$

[演習] 次の $f(x)$ の導関数 $f'(x)$ と,$x = -1$ のときの微分係数 $f'(-1)$ をもとめなさい.

(1) $f(x) = \dfrac{1}{3}x^3 + 4x^2 + 6x - 3$ (2) $f(x) = \dfrac{1}{4}x^4 - 5x + 2x^{-3}$

(解答)
(1) $f'(x) = x^2 + 8x + 6$, $f'(-1) = -1$
(2) $f'(x) = x^3 - 5 - 6x^{-4}$, $f'(-1) = -12$

微 分 2

例題

$f(x) = 2\sin x - \cos x + \tan x$ のとき,$f(x)$ の導関数 $f'(x)$ と,$x = \dfrac{\pi}{3}$ のときの微分係数 $f'\left(\dfrac{\pi}{3}\right)$ をもとめなさい.

◎ポイント

微分の公式を覚えておこう

☆微分の公式②

1. $(\sin x)' = \cos x$,　　2. $(\cos x)' = -\sin x$,　　3. $(\tan x)' = \dfrac{1}{\cos^2 x}$

（解説）

$f'(x) = 2 \times \cos x - (-\sin x) + \dfrac{1}{\cos^2 x} = 2\cos x + \sin x + \dfrac{1}{\cos^2 x}$

$f'\left(\dfrac{\pi}{3}\right) = 2 \times \dfrac{1}{2} + \dfrac{\sqrt{3}}{2} + \dfrac{1}{\left(\dfrac{1}{2}\right)^2} = 1 + \dfrac{\sqrt{3}}{2} + 4 = 5 + \dfrac{\sqrt{3}}{2}$

[演習] 次の $f(x)$ の導関数 $f'(x)$ と,$x = \dfrac{\pi}{6}$ のときの微分係数 $f'\left(\dfrac{\pi}{6}\right)$ をもとめなさい.

(1)　$f(x) = 3\sin x + 5\cos x - 2\tan x$　　(2)　$f(x) = \dfrac{1}{2}\sin x - 4\cos x + 3\tan x$

（解答）

(1)　$f'(x) = 3\cos x - 5\sin x - \dfrac{2}{\cos^2 x}$,　$f'\left(\dfrac{\pi}{6}\right) = \dfrac{3}{2}\sqrt{3} - \dfrac{31}{6}$

(2)　$f'(x) = \dfrac{1}{2}\cos x + 4\sin x + \dfrac{3}{\cos^2 x}$,　$f'\left(\dfrac{\pi}{6}\right) = \dfrac{\sqrt{3}}{4} + 6$

微 分 3

例題

次の $f(x)$ の導関数 $f'(x)$ と，$x=2$ のときの微分係数 $f'(2)$ をもとめなさい．

(1) $f(x) = 3^x$ 　　　　　 (2) $f(x) = e^x$
(3) $f(x) = \log_2 x$ 　　 (4) $f(x) = \log_e x$

◎ポイント
微分の公式を覚えておこう

☆微分の公式③
1．$(a^x)' = a^x \log_e a$ 　　　　 2．$(e^x)' = e^x$
3．$(\log_a x)' = \dfrac{1}{x \log_e a}$ 　　 4．$(\log_e x)' = \dfrac{1}{x}$

※「e」は $\lim_{x \to \pm\infty} \left(1 + \dfrac{1}{x}\right)^x = e$ で定義される無理数で，$e = 2.7182\cdots$ である．

※対数の底としての「e」は省略されることが多く，$\log_e x$ を $\ln x$ または，$\log x$ と書き表される．一方で常用対数 $\log_{10} x$ を $\log x$ と書き表すことも多いので注意が必要である．

（解説）
(1) $f'(x) = 3^x \log 3$, $f'(2) = 3^2 \log 3 = 9 \log 3$
(2) $f'(x) = e^x$, $f'(2) = e^2$
(3) $f'(x) = \dfrac{1}{x \log 2}$, $f'(2) = \dfrac{1}{2 \log 2}$
(4) $f'(x) = \dfrac{1}{x}$, $f'(2) = \dfrac{1}{2}$

[演習] 次の $f(x)$ の導関数 $f'(x)$ と，$x=2$ のときの微分係数 $f'(2)$ をもとめなさい．

(1) $f(x) = 2^x$ 　　　　　 (2) $f(x) = 3e^x$
(3) $f(x) = \log_3 x$ 　　 (4) $f(x) = 3 \log x$

（解答）
(1) $f'(x) = 2^x \log 2$, $f'(2) = 4 \log 2$ 　　 (2) $f'(x) = 3e^x$, $f'(2) = 3e^2$
(3) $f'(x) = \dfrac{1}{x \log 3}$, $f'(2) = \dfrac{1}{2 \log 3}$ 　　 (4) $f'(x) = \dfrac{3}{x}$, $f'(2) = \dfrac{3}{2}$

★補足～微分公式の導出

① $(x^n)' = nx^{n-1}$

$f(x) = x^n$ として，導関数の定義式に代入すると，

$$(x^n)' = \lim_{h \to 0} \frac{(x+h)^n - x^n}{h} = \lim_{h \to 0} \frac{(x^n + nx^{n-1}h + n(n-1)x^{n-2}h^2 + \cdots) - x^n}{h}$$

$$= \lim_{h \to 0} \frac{nx^{n-1}h}{h} = nx^{n-1}$$

$(x)' = 1$，$(a)' = 0$ は x^n において，それぞれ $n = 0, 1$ に相当する．

② $(\sin x)' = \cos x$

$f(x) = \sin x$ として，導関数の定義式に代入すると，

$$(\sin x)' = \lim_{h \to 0} \frac{\sin(x+h) - \sin x}{h} = \lim_{h \to 0} \frac{\sin x \cos h + \cos x \sin h - \sin x}{h}$$

$$= \lim_{h \to 0} \frac{\sin x + \cos x \sin h - \sin x}{h} = \cos x \times \lim_{h \to 0} \frac{\sin h}{h} = \cos x$$

ここで，$\lim_{h \to 0} \frac{\sin h}{h} = 1$ を用いた．

③ $(\cos x)' = -\sin x$

$f(x) = \cos x$ として，導関数の定義式に代入すると，

$$(\cos x)' = \lim_{h \to 0} \frac{\cos(x+h) - \cos x}{h} = \lim_{h \to 0} \frac{\cos x \cos h - \sin x \sin h - \cos x}{h}$$

$$= \lim_{h \to 0} \frac{\cos x - \sin x \sin h - \cos x}{h} = -\sin x \times \lim_{h \to 0} \frac{\sin h}{h} = -\sin x$$

ここで，$\lim_{h \to 0} \frac{\sin h}{h} = 1$ を用いた．

④ $(\tan x)' = \frac{1}{\cos^2 x}$

$f(x) = \tan x$ として，導関数の定義式に代入すると，

$$(\tan x)' = \lim_{h \to 0} \frac{\tan(x+h) - \tan x}{h} = \lim_{h \to 0} \frac{\frac{\sin(x+h)}{\cos(x+h)} - \frac{\sin x}{\cos x}}{h}$$

$$= \lim_{h \to 0} \frac{\cos x \sin x \cos h + \cos x \cos x \sin h - \cos(x+h) \sin x}{\cos(x+h) \cos x \cdot h}$$

$$= \lim_{h \to 0} \frac{\cos x \sin x \cos h + \cos x \cos x \sin h - \cos x \cos h \sin x + \sin x \sin h \sin x}{\cos(x+h) \cos x \cdot h}$$

$$= \lim_{h \to 0} \frac{(\cos^2 x + \sin^2 x) h}{\cos(x+h) \cos x \cdot h} = \lim_{h \to 0} \frac{1}{\cos(x+h) \cos x} = \frac{1}{\cos^2 x}$$

※ a^x，e^x，$\log_a x$，$\log x$ の微分公式の導出については，長くなるのでおこなわない．初等的な微積分学の教科書を参照のこと．

微分 4

例題

関数 $f(x) = 5\sin 4x$ を微分しなさい．

◎**ポイント**

合成関数の微分公式を覚えておこう

☆合成関数の微分公式①～置換

変数を $x \Rightarrow A(x)$ に置換し，もとの式を $f(x) = g(A)$ と書き直した場合，
$$f'(x) = \frac{dg}{dA} \times \frac{dA}{dx}$$
となる．ここで，「$\frac{dg}{dA}$」とは，g を A で微分したもので，「$\frac{dA}{dx}$」とは，A を x で微分したものである．

（解説）

$4x = A$ とおくと，$f(x) = g(A) = 5\sin A$．よって，
$f'(x) = \frac{d(5\sin A)}{dA} \times \frac{dA}{dx} = 5\cos A \times 4 = 20\cos 4x$

[演習] 次の関数 $f(x)$ を微分しなさい．

(1) $f(x) = 3\cos 2x$　　(2) $f(x) = e^{3x}$

(3) $f(x) = \log 4x$　　(4) $f(x) = (5x+2)^4$

（解答）

(1) $-6\sin 2x$　(2) $3e^{3x}$　(3) $\frac{1}{x}$　(4) $20(5x+2)^3$

微分 5

例題

次の関数 $f(x)$ を微分しなさい．

(1)　$f(x) = 2x \sin x$　　　　(2)　$f(x) = \dfrac{\sin x}{\cos x}$

◎ポイント

合成関数の微分公式を覚えておこう

☆合成関数の微分公式②

　　$f = f(x),\ g = g(x)$ とすると，

　1．$(fg)' = f'g + fg'$

　2．$\left(\dfrac{f}{g}\right)' = \dfrac{f'g - fg'}{g^2}$

（解説）

(1)　$f = 2x,\ g = \sin x$ とする．

　　$(fg)' = (2x)' \sin x + 2x(\sin x)' = 2\sin x + 2x\cos x$

(2)　$f = \sin x,\ g = \cos x$ とする．

　　$\left(\dfrac{f}{g}\right)' = \dfrac{(\sin x)' \cos x - \sin x (\cos x)'}{\cos^2 x} = \dfrac{\cos^2 x + \sin^2 x}{\cos^2 x} = \dfrac{1}{\cos^2 x}$

　　（$\because \sin^2 x + \cos^2 x = 1$ より）

[演習]　次の関数 $f(x)$ を微分しなさい．

(1)　$f(x) = 4x \log x$　　　　(2)　$f(x) = e^x \sin x$

(3)　$f(x) = \dfrac{\log x}{x}$　　　　(4)　$f(x) = \dfrac{e^x}{x}$

（解答）

(1)　$4\log x + 4$　(2)　$e^x(\sin x + \cos x)$　(3)　$\dfrac{1 - \log x}{x^2}$　(4)　$\dfrac{e^x(x-1)}{x^2}$

偏微分

> **例題**
>
> 関数 $f(x, y) = 4x^2 + 2xy + y^2$ の偏微分である $\dfrac{\partial f}{\partial x}$, $\dfrac{\partial f}{\partial y}$ をもとめなさい．

◎ポイント

偏微分とは，ある特定の変数に注目し，その変数のみで関数を微分することである．その際，他の変数は係数扱いとする．

（解説）

$\dfrac{\partial f}{\partial x} = 8x + 2y$

$\dfrac{\partial f}{\partial y} = 2x + 2y$

[演習] 関数 $f(x, y) = 6x^2 e^y + 7xy - 5\sin y$ の偏微分である $\dfrac{\partial f}{\partial x}$, $\dfrac{\partial f}{\partial y}$ をもとめなさい．

（解答）

$\dfrac{\partial f}{\partial x} = 12xe^y + 7y$, $\dfrac{\partial f}{\partial y} = 6x^2 e^y + 7x - 5\cos y$

不定積分1

◎不定積分とは？

不定積分とは，微分の逆の演算のことである．

例． $$x^2 \underset{\text{積分}}{\overset{\text{微分}}{\rightleftarrows}} 2x$$

上記の積分を式で書くと，

$$\int 2x\, dx = x^2 + C \quad (C \text{は積分定数})$$

となる．これは「$2x$ を積分すると $x^2 + C$ になる」という意味である．ここで，定数に対する微分は 0 であるため，不定積分には任意の定数を加える自由度が残っていて，これを積分定数 C として表す．

不定積分 2

例題

次の不定積分を計算しなさい．

(1) $\int 3 dx$　　　　(2) $\int x^3 dx$

◎ポイント

不定積分の公式を覚えておこう

☆不定積分の公式①

1. $\int x^n dx = \dfrac{1}{n+1} x^{n+1} + C$ （C は積分定数）

2. $\int a dx = ax + C$ （C は積分定数）

（解説）

(1) $3x + C$ （C は積分定数）．

(2) $\dfrac{1}{3+1} x^{3+1} + C = \dfrac{1}{4} x^4 + C$ （C は積分定数）．

[演習] 次の不定積分を計算しなさい．

(1) $\int 2 dx$　　　　(2) $\int (-5) dx$

(3) $\int x^4 dx$　　　　(4) $\int x dx$

（解答）

(1) $2x + C$　(2) $-5x + C$　(3) $\dfrac{1}{5} x^5 + C$　(4) $\dfrac{1}{2} x^2 + C$

不定積分 3

例題

次の不定積分を計算しなさい．
$$\int (2x^2+3x-5)\,dx$$

◎ポイント

不定積分の公式を覚えておこう

☆不定積分の公式①

1. $\int x^n dx = \dfrac{1}{n+1}x^{n+1}+C$ （Cは積分定数）

2. $\int a\,dx = ax+C$ （Cは積分定数）

（解説）

$2\times \int x^2 dx + 3\times \int x^1 dx - \int 5\,dx = 2\times \dfrac{1}{2+1}x^{2+1} + 3\times \dfrac{1}{1+1}x^{1+1} - 5x + C$

$= \dfrac{2}{3}x^3 + \dfrac{3}{2}x^2 - 5x + C$ （Cは積分定数）

[演習] 次の不定積分を計算しなさい．

(1) $\int (-3x^4+2x^3-5x^2+x+6)\,dx$　　(2) $\int \left(\dfrac{1}{5}x^5-3\right)dx$

（解答）

(1) $-\dfrac{3}{5}x^5 + \dfrac{1}{2}x^4 - \dfrac{5}{3}x^3 + \dfrac{1}{2}x^2 + 6x + C$　(2) $\dfrac{1}{30}x^6 - 3x + C$

不定積分4～三角関数

> **例題**
>
> 次の不定積分を計算しなさい．
>
> $$\int \left(2\sin x - 3\cos x + \frac{4}{\cos^2 x}\right) dx$$

◎ポイント

不定積分の公式を覚えておこう

> ☆不定積分の公式②
>
> 1. $\int \sin x \, dx = -\cos x + C$ （C は積分定数）
>
> 2. $\int \cos x \, dx = \sin x + C$ （C は積分定数）
>
> 3. $\int \frac{1}{\cos^2 x} dx = \tan x + C$ （C は積分定数）

（解説）

$$2 \times \int \sin x \, dx - 3 \times \int \cos x \, dx + 4 \times \int \frac{1}{\cos^2 x} dx = -2\cos x - 3\sin x + 4\tan x + C$$

（C は積分定数）

[演習] 次の不定積分を計算しなさい．

$$\int \left(-3\sin x + 5\cos x + \frac{2}{\cos^2 x}\right) dx$$

（解答）

$3\cos x + 5\sin x + 2\tan x + C$ （C は積分定数）

不定積分5～指数関数など

例題

次の不定積分を計算しなさい．

(1) $\int 3e^x dx$ (2) $\int 4^x dx$ (3) $\int \dfrac{2}{x} dx$

◎ポイント

不定積分の公式を覚えておこう

☆不定積分の公式③

1. $\int e^x dx = e^x + C$ （Cは積分定数）
2. $\int a^x dx = \dfrac{a^x}{\log a} + C$ （Cは積分定数）
3. $\int \dfrac{1}{x} dx = \log|x| + C$ （Cは積分定数）

（解説）

(1) $3 \times \int e^x dx = 3e^x + C$ （Cは積分定数）． (2) $\dfrac{4^x}{\log 4} + C$ （Cは積分定数）．

(3) $2 \times \int \dfrac{1}{x} dx = 2\log|x| + C$ （Cは積分定数）．

[演習] 次の不定積分を計算しなさい．

(1) $\int e^x dx$ (2) $\int (-3e^x) dx$

(3) $\int 3^x dx$ (4) $\int 5^x dx$

(5) $\int \dfrac{3}{x} dx$ (6) $\int \left(-\dfrac{5}{x}\right) dx$

（解答）

(1) $e^x + C$ (2) $-3e^x + C$ (3) $\dfrac{3^x}{\log 3} + C$ (4) $\dfrac{5^x}{\log 5} + C$

(5) $3\log|x| + C$ (6) $-5\log|x| + C$

定積分 1

例題

次の定積分を計算しなさい．

(1) $\displaystyle\int_1^3 (3x^2+2x+5)\,dx$ (2) $\displaystyle\int_0^{\frac{\pi}{2}} (\sin x - 2\cos x)\,dx$

◎ポイント

定積分とは？

☆定積分とは？

$f(x)$ の不定積分で積分定数を除いたものを $F(x)$ とする．
$$\int_a^b f(x)\,dx = \Big[F(x)\Big]_a^b = F(b)-F(a)$$

（解説）

(1) $\Big[x^3+x^2+5x\Big]_1^3 = [3^3+3^2+5\cdot3]-[1^3+1^2+5\cdot1] = 44$．

(2) $\Big[-\cos x - 2\sin x\Big]_0^{\frac{\pi}{2}} = \Big[-\cos\dfrac{\pi}{2}-2\sin\dfrac{\pi}{2}\Big] - [-\cos 0 - 2\sin 0] = -1$．

[演習] 次の定積分を計算しなさい．

(1) $\displaystyle\int_{-1}^{2}(5x^4+8x^3+6x^2-7x+1)\,dx$ (2) $\displaystyle\int_{-2}^{2}\left(3x^2-5x+\dfrac{1}{3}\right)dx$

(3) $\displaystyle\int_0^{\pi}(2\sin x + \cos x)\,dx$ (4) $\displaystyle\int_{-\frac{\pi}{3}}^{\frac{\pi}{2}}(3\sin x - 5\cos x)\,dx$

（解答）

(1) $\dfrac{147}{2}$ (2) $\dfrac{52}{3}$ (3) 4 (4) $-\dfrac{7}{2}-\dfrac{5}{2}\sqrt{3}$

★補足〜定積分のイメージ

定積分のイメージとして,「面積をもとめる」がある.関数 $f(x)=x+2$ を例として,説明していこう.

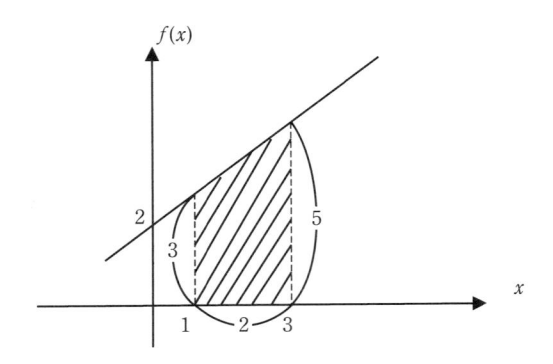

上図の斜線の台形の面積をもとめるために,定積分を利用する.

$$(台形の面積)=\int_1^3 (x+2)\,dx=\left[\frac{1}{2}x^2+2x\right]_1^3=\left[\frac{9}{2}+6\right]-\left[\frac{1}{2}+2\right]=8 \quad \cdots ①$$

台形の面積を算数でもとめると,

$$(3+5)\times 2 \div 2 = 8$$

である.①はたしかに台形の面積である.

　ここでは単純な例として1次関数を取り上げたので算数で台形の面積を計算した方が楽であるが,もっと高次の式やより複雑な関数の面積を計算する際には積分の方法は非常に便利かつ根源的である.

定積分 2

例題

次の定積分を計算しなさい．

(1) $\int_1^2 3e^x dx$　　　(2) $\int_2^3 2^x dx$　　　(3) $\int_1^2 \frac{2}{x} dx$

◎ポイント

定積分とは？

☆定積分とは？

$f(x)$ の不定積分で積分定数を除いたものを $F(x)$ とする．
$$\int_a^b f(x)\,dx = \Big[F(x)\Big]_a^b = F(b) - F(a)$$

（解説）

(1) $\Big[3e^x\Big]_1^2 = [3e^2] - [3e^1] = 3e(e-1)$．

(2) $\Big[\dfrac{2^x}{\log 2}\Big]_2^3 = \dfrac{2^3}{\log 2} - \dfrac{2^2}{\log 2} = \dfrac{4}{\log 2}$．

(3) $\Big[2\log|x|\Big]_1^2 = 2\log 2 - 2\log 1 = 2\log 2$

[演習] 次の定積分を計算しなさい．

(1) $\int_0^2 2e^x dx$　　　(2) $\int_{-2}^1 \dfrac{1}{2} e^x dx$

(3) $\int_1^3 3^x dx$　　　(4) $\int_0^2 4^x dx$

(5) $\int_1^3 \dfrac{3}{x} dx$　　　(6) $\int_1^e \dfrac{4}{x} dx$

（解答）

(1) $2(e^2-1)$　(2) $\dfrac{1}{2}(e-e^{-2})$　(3) $\dfrac{24}{\log 3}$　(4) $\dfrac{15}{\log 4}$　(5) $3\log 3$　(6) 4

多重積分

例題

次の二重積分を計算しなさい．
$$\int_{x=0}^{x=2}\int_{y=0}^{y=1} 4x^3y^2 dxdy$$

◎ポイント

多重積分とは，複数の変数で積分することである．ある変数で積分するときには，他の変数は固定する(定数扱い)．

(解説)

(与式) $= \int_{x=0}^{x=2} dx \int_{y=0}^{y=1} 4x^3y^2 dy = \int_{x=0}^{x=2} \left[\frac{4}{3}x^3y^3\right]_{y=0}^{y=1} dx = \int_{x=0}^{x=2} \frac{4}{3}x^3 dx = \left[\frac{1}{3}x^4\right]_{x=0}^{x=2} = \frac{16}{3}$

[演習] 次の多重積分を計算しなさい．

(1) $\int_{x=-1}^{x=1}\int_{y=0}^{y=3} 3x^2 e^y dxdy$

(2) $\int_{x=0}^{x=1}\int_{y=0}^{y=\frac{\pi}{2}}\int_{z=0}^{z=\frac{\pi}{2}} 4x^2 \cos y \sin z \, dxdydz$

(解答)

(1) $2(e^3-1)$ (2) $\dfrac{4}{3}$

微分方程式 1

> **例 題**
>
> 微分方程式 $y'=3$ を解きなさい．ここで，$y'=\dfrac{dy}{dx}$ である．

◎ポイント

微分方程式 $\dfrac{dy}{dx}=a$ を解く．まず，両辺を x で積分する．

$\int \dfrac{dy}{dx}dx = \int a\,dx, \therefore \int dy = \int a\,dx, \therefore y = ax+C$ （C は積分定数）．

（解説）

$\int \dfrac{dy}{dx}dx = \int 3\,dx, \therefore \int dy = \int 3\,dx, \therefore y = 3x+C$ （C は積分定数）．

[演習] 微分方程式 $y'=4x$ を解きなさい．

（解答）
$y = 2x^2 + C$

微分方程式 2

> **例 題**
>
> 微分方程式 $y'' = 2$ を解きなさい．ここで，$y'' = \dfrac{d}{dx}\left(\dfrac{dy}{dx}\right) = \dfrac{d^2 y}{dx^2}$ である．

◎ポイント

微分方程式 $\dfrac{d^2 y}{dx^2} = a$ を解く．まず，両辺を x で積分する．

$\displaystyle\int \dfrac{d^2 y}{dx^2} dx = \int a\,dx, \quad \int \dfrac{d}{dx}\left(\dfrac{dy}{dx}\right) dx = \int a\,dx, \quad \dfrac{dy}{dx} = ax + C_1$

もう一度，x で積分する．

$\displaystyle\int \dfrac{dy}{dx} dx = \int (ax + C_1)\,dx,$

$\therefore \displaystyle\int dy = \int ax\,dx + \int C_1\,dx, \therefore y = \dfrac{1}{2}ax^2 + C_1 x + C_2 \quad (\because C_1,\ C_2 \text{ は積分定数})$.

(解説)

$\displaystyle\int \dfrac{d^2 y}{dx^2} dx = \int 2\,dx, \quad \int \dfrac{d}{dx}\left(\dfrac{dy}{dx}\right) dx = \int 2\,dx, \quad \dfrac{dy}{dx} = 2x + C_1,$

もう一度，x で積分すると，$\displaystyle\int \dfrac{dy}{dx} dx = \int (2x + C_1)\,dx,$

$\therefore \displaystyle\int dy = \int 2x\,dx + \int C_1\,dx, \therefore y = x^2 + C_1 x + C_2 \quad (\because C_1,\ C_2 \text{ は積分定数})$.

[演習]　微分方程式 $y'' = 3x$ を解きなさい．

(解答)
$y = \dfrac{1}{2}x^3 + C_1 x + C_2$

微分方程式 3

> **例 題**
> $x=0$ のとき，$y=3$，$y'=2$ のもとで，微分方程式 $y''=-5$ を解きなさい．

（解説）

まず，$\dfrac{d^2y}{dx^2}=-5$ を解く．

$\displaystyle\int \dfrac{d^2y}{dx^2}dx = \int(-5)\,dx,\ \int\dfrac{d}{dx}\left(\dfrac{dy}{dx}\right)dx = \int(-5)\,dx,\ \dfrac{dy}{dx}=y'=-5x+C_1$ …①

もう一度，x で積分すると，$\displaystyle\int\dfrac{dy}{dx}dx = \int(-5x+C_1)\,dx$,

$\therefore \displaystyle\int dy = \int(-5x)\,dx + \int C_1\,dx,\ \therefore y = -\dfrac{5}{2}x^2+C_1x+C_2$ …②

次に C_1，C_2 を決定する．

$x=0$ のとき，$y'=2$ であるから，①式に代入して，

$$2=C_1,\ \therefore C_1=2$$

これを，②に代入すると，

$$y=-\dfrac{5}{2}x^2+2x+C_2$$

$x=0$ のとき，$y=3$ であるから②式に代入して，

$$3=C_2,\ \therefore C_2=3$$

よって，$y=-\dfrac{5}{2}x^2+2x+3$ となる．

[演習] $x=0$ のとき，$y=4$，$y'=3$ のもとで，微分方程式 $y''=2x$ を解きなさい．

（解答）

$y=\dfrac{1}{3}x^3+3x+4$

微分方程式 4

例題

微分方程式 $y''+4y=0$ を解きなさい．

◎ポイント

この形式の微分方程式の解き方は確立しているので覚えておこう

☆微分方程式の解き方① ～ $y''+\omega^2 y=0$ 型 $(\omega>0)$

$$y=A\sin\omega x+B\cos\omega x$$
$$=A_0\sin(\omega x+\delta) \quad →加法定理より$$

※ A, B, A_0, δ は境界条件によって決定される実数．

（解説）

$y=A\sin 2x+B\cos 2x$
$\quad =A_0\sin(2x+\delta)$

[演習] 微分方程式 $y''+9y=0$ を解きなさい．

（解答）

$y=A\sin 3x+B\cos 3x$
$\quad =A_0\sin(3x+\delta)$

★補足〜$y'' + \omega^2 y = 0$ 型($\omega > 0$)の解の導出

$$\frac{d^2y}{dx^2} = -\omega^2 y, \quad \frac{d^2y}{dx^2} \cdot \frac{dy}{dx} = -\omega^2 y \frac{dy}{dx}$$

両辺を x で積分する．

(左辺) $= \int \left(\frac{d^2y}{dx^2} \cdot \frac{dy}{dx}\right) dx = \int \left[\frac{1}{2} \frac{d}{dx}\left(\frac{dy}{dx}\right)^2\right] dx = \frac{1}{2} \int d\left(\frac{dy}{dx}\right)^2 = \frac{1}{2}\left(\frac{dy}{dx}\right)^2 + C_L \quad \cdots ①$

(右辺) $= \int \left(-\omega^2 y \frac{dy}{dx}\right) dx = -\omega^2 \int y \, dy = -\frac{1}{2}\omega^2 y^2 + C_R \quad \cdots ②$

①，②より，

$\frac{1}{2}\left(\frac{dy}{dx}\right)^2 = -\frac{1}{2}\omega^2 y^2 + C_0 \quad (C_0 = C_R - C_L), \quad \therefore \frac{1}{2}\left(\frac{dy}{dx}\right)^2 + \frac{1}{2}\omega^2 y^2 = C_0$

左辺より $C_0 > 0$ であるとわかるので，$C_0 = \frac{1}{2}\omega^2 C^2$ とおける．

したがって，$\frac{1}{2}\left(\frac{dy}{dx}\right)^2 = \frac{1}{2}\omega^2 (C^2 - y^2)$ である．

$\therefore \frac{dy}{dx} = \pm \omega \sqrt{C^2 - y^2}, \quad \therefore \frac{1}{\sqrt{C^2 - y^2}} dy = \pm \omega \, dx.$

さらに，両辺を積分して，

$\therefore \cos^{-1} \frac{y}{C} = \pm(\omega x + \alpha) \quad (\alpha$ は積分定数$)$

$\therefore y = C \cos(\omega x + \alpha) \quad (\cos \theta = \cos(-\theta)$ に注意$)$

$\quad = C \cos \alpha \cos \omega x - C \sin \alpha \sin \omega x$

$A = -C \sin \alpha, \quad B = C \cos \alpha$ とおくと，

$$y = A \sin \omega x + B \cos \omega x$$

である．

微分方程式 5

例題

次の微分方程式を解きなさい．
(1) $y'' - 4y' + 3y = 0$
(2) $y'' - 6y' + 9y = 0$

◎ポイント

この形式の微分方程式の解き方も確立しているので覚えておこう

☆微分方程式の解き方② ～ $ay'' + by' + cy = 0$ 型
　特性方程式は $a\lambda^2 + b\lambda + c = 0$ と表される．
(1) 特性方程式の解の判別式 $b^2 - 4ac \neq 0$ のとき，2解を α, β とすると，
$$y = Ae^{\alpha x} + Be^{\beta x} \quad (A, B は任意の実数)．$$
(2) 特性方程式の解の判別式 $b^2 - 4ac = 0$ のとき，重解を α とすると，
$$y = Ae^{\alpha x} + Bxe^{\alpha x} \quad (A, B は任意の実数)．$$

※この内容の導出については，詳しい微分方程式の教科書で勉強することが望まれる．

（解説）
(1) $\lambda^2 - 4\lambda + 3 = 0$ を解いて，$\lambda = 1, 3$. $\therefore y = Ae^x + Be^{3x}$
(2) $\lambda^2 - 6\lambda + 9 = 0$ を解いて，$\lambda = 3$. $\therefore y = Ae^{3x} + Bxe^{3x}$

[演習] 次の微分方程式を解きなさい．
(1) $y'' + 5y' - 6y = 0$
(2) $y'' + 4y' + 4y = 0$

（解答）
(1) $y = Ae^{-6x} + Be^x$　(2) $y = Ae^{-2x} + Bxe^{-2x}$

ベクトルの合成1

例題

ベクトル $\vec{a}$, $\vec{b}$ が以下のように存在する．$2\vec{a}+\vec{b}$ を図示しなさい．

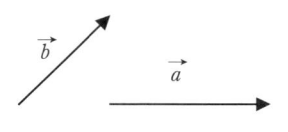

ベクトルとは，力や運動量のような「<u>大きさ</u>と<u>方向</u>によって決まる量」である．アルファベットなどの記号の上に「→」をつけて「$\vec{a}$」のように表すか，「**a**」のように太字で表す．一方，スカラーとは，質量や温度のように「<u>大きさのみで決まる量</u>」である．

◎ポイント

ベクトルの和をもとめるには，各ベクトルを順につなげていって，最終的に始点と，終点とを結ぶとよい．

（解説）

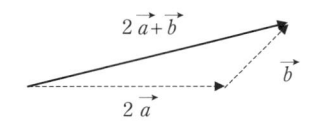

[演習] 例題において，$3\vec{a}+\vec{b}$ と $\vec{a}+2\vec{b}$ を図示しなさい．

（解答）
(1)　　　　　　　　　　　　　　　　　　(2)

ベクトルの合成 2

例 題

ベクトル $\vec{a}$, $\vec{b}$ が以下のように存在する．$\vec{a}+3\vec{b}$ を図示しなさい．

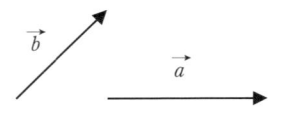

◎ポイント

2つのベクトルの和をもとめるもう1つの方法を紹介しておこう．まず，2つのベクトルの始点をそろえる．それらを2辺とする平行四辺形を描き，対角線を結ぶ．これが2つのベクトルの和である．

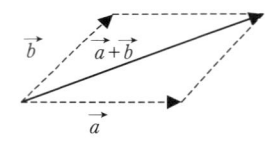

（解説）

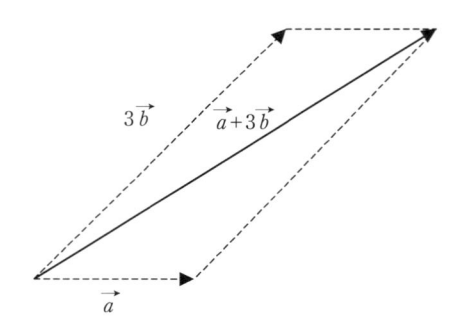

[演習] 例題において，$2\vec{a}+3\vec{b}$ と $\dfrac{1}{2}\vec{a}+\dfrac{1}{3}\vec{b}$ を図示しなさい．

(解答)
(1)

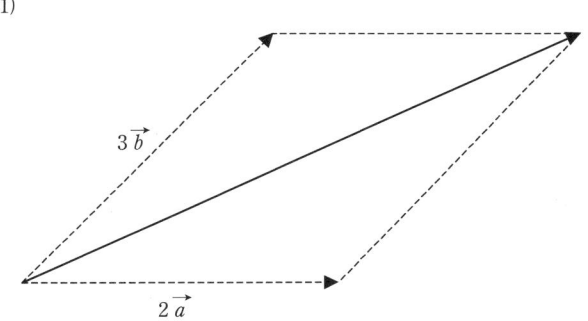

$3\vec{b}$

$2\vec{a}$

(2)

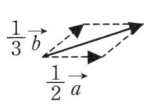

$\dfrac{1}{3}\vec{b}$

$\dfrac{1}{2}\vec{a}$

ベクトルの合成3

例題

ベクトル $\vec{a}$, $\vec{b}$ が以下のように存在する。$2\vec{a}-\vec{b}$ を図示しなさい。

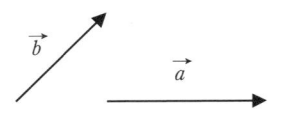

◎ポイント

2つのベクトルの減法(引き算)は次のように加法に変換しておこなう。

$$\vec{a}-\vec{b}=\vec{a}+(-\vec{b})$$

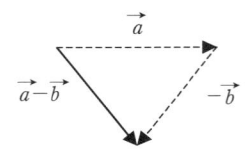

(解説)

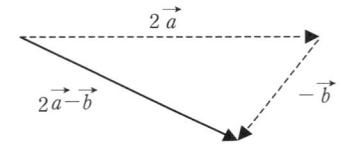

$2\vec{a}-\vec{b}=2\vec{a}+(-\vec{b})$

[演習] 例題において、$\vec{a}-2\vec{b}$ と $3\vec{a}-\vec{b}$ を図示しなさい。

(解答)
略

ベクトルの合成 4

例題

ベクトル $\vec{a}$, $\vec{b}$ が以下のように存在する。$\vec{a}-2\vec{b}$ を図示しなさい。

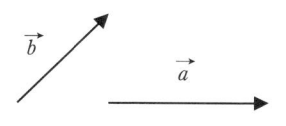

◎ポイント

2つのベクトルの減法のもう1つの方法を紹介しておこう．まず，2つのベクトルの始点を合わせる．引くベクトルの先端から引かれるベクトルの先端を結び，引くベクトルから引かれるベクトルに向かう矢印をとる．

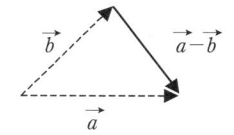

（解説）
$\vec{a}-2\vec{b} = \vec{a}+(-2\vec{b})$

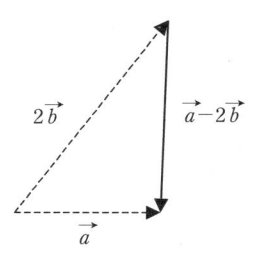

[演習] 例題において，$3\vec{a}-2\vec{b}$ と $2\vec{a}-3\vec{b}$ を図示しなさい．

（解答）
略

ベクトルの分解1

例題

次のベクトルを点線方向に分解しなさい．

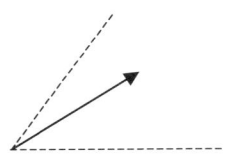

◎ポイント

ベクトルの分解方法は，分解したいベクトルを対角線とする平行四辺形を作ることである．

（解説）

点線方向を2辺とし，もとのベクトルが対角線となる平行四辺形を書く．

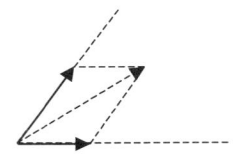

[演習] 次のベクトルを点線方向に分解しなさい．

(1)　　　　　　　　　　　(2)

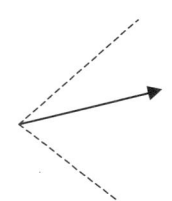

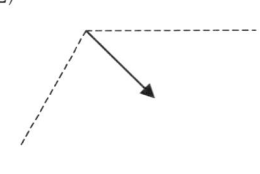

（解答）

(1)　　　　　　　　　　　(2)

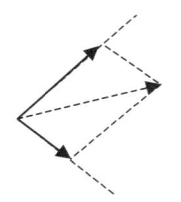

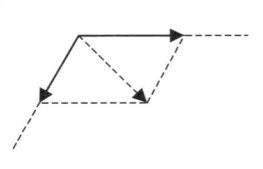

ベクトルの分解2

例 題

次のベクトルを点線方向に分解しなさい．

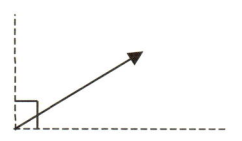

◎ポイント

ベクトルの分解方法は，分解したいベクトルを対角線とする平行四辺形を作ることである．

（解説）

点線方向を2辺とし，もとのベクトルが対角線である平行四辺形を書く．

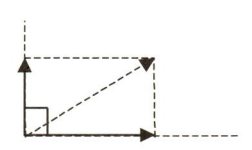

[演習] 次のベクトルを点線方向に分解しなさい．

(1)　　　　　　　　　　　　　(2)

（解答）
略

ベクトルの分解 3

例題

次のベクトルを点線方向に分解しなさい．

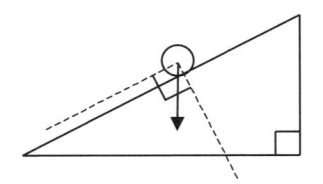

◎ポイント

斜面上にある物体の重力は，斜面と平行方向と垂直方向に分解される．

（解説）

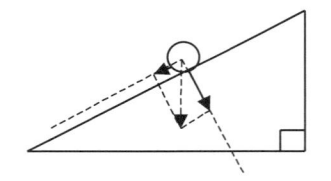

[演習] 次のベクトルを点線方向に分解しなさい．

(1)　　　　　　　　　　　(2)

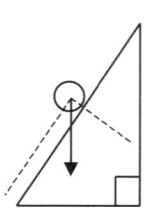

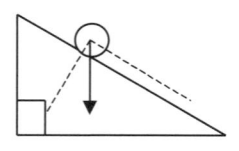

（解答）

(1)　　　　　　　　　　　(2)

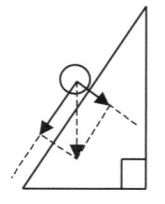

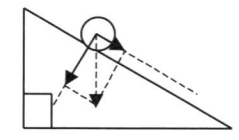

ベクトルの成分表示1

例　題

次のベクトル $\vec{a}$ を成分表示で表しなさい．

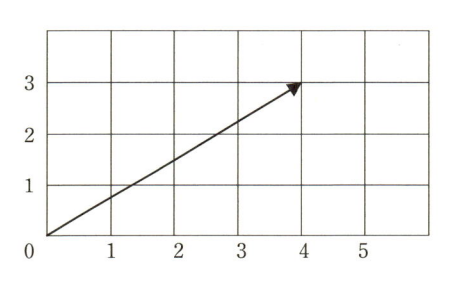

◎ポイント

　ベクトルは x 方向と y 方向の成分で表すことができる．

※ベクトルは終点の座標ではなく，始点と終点の差で決まることに注意が必要である．

（解説）

$\vec{a} = (4, 3)$

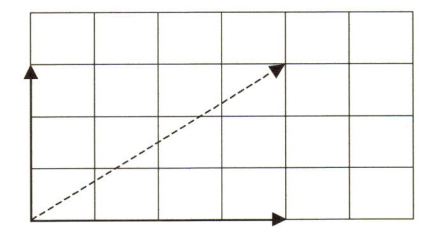

[**演習**]　次のベクトル $\vec{a}$, $\vec{b}$ を成分表示で表しなさい．

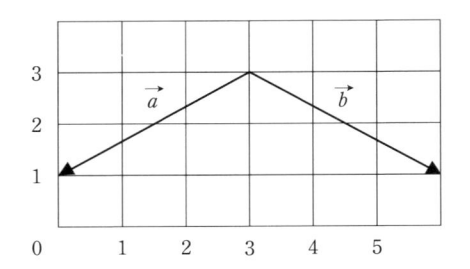

(解答)
$\vec{a} = (-3, -2)$,　$\vec{b} = (3, -2)$

ベクトルの成分表示 2

例題

ベクトル $\vec{a}=(1, 3)$ の大きさ $|\vec{a}|$ をもとめなさい．

◎ポイント

ベクトルの大きさを成分から計算する．

> ☆ベクトルの大きさ
> $\vec{a}=(a_1, a_2)$ の大きさは，$|\vec{a}|$ と表される．
> $$|\vec{a}|=\sqrt{a_1{}^2+a_2{}^2}$$

※ベクトルの大きさは (a_1, a_2) を2辺とする直角三角形の斜辺の長さになっていることに注意が必要である．

（解説）
$|\vec{a}|=\sqrt{1^2+3^2}=\sqrt{10}$

[演習] 次のベクトルの大きさをもとめなさい．
(1) $\vec{b}=(2, -3)$ (2) $\vec{c}=(-1, -2)$

（解答）
(1) $\sqrt{13}$ (2) $\sqrt{5}$

単位ベクトル

例題

$\vec{a} = (-2, 3)$ の単位ベクトルをもとめなさい．

◎ポイント

単位ベクトル $\vec{e}$ とは，大きさが 1 であるベクトルのことをいう．

☆単位ベクトル

$\vec{a}$ の単位ベクトル $\vec{e}$ は，$\vec{e} = \dfrac{\vec{a}}{|\vec{a}|}$ で表される．

（解説）

$|\vec{a}| = \sqrt{(-2)^2 + 3^2} = \sqrt{13}, \therefore \vec{e} = \dfrac{\vec{a}}{|\vec{a}|} = \dfrac{1}{\sqrt{13}}(-2, 3) = \left(\dfrac{-2}{\sqrt{13}}, \dfrac{3}{\sqrt{13}}\right).$

[演習] 次のベクトルの単位ベクトルをもとめなさい．

(1)　$\vec{b} = (3, -4)$　　　　　　(2)　$\vec{c} = (2, 5)$

（解答）

(1) $\left(\dfrac{3}{5}, -\dfrac{4}{5}\right)$　(2) $\left(\dfrac{2}{\sqrt{29}}, \dfrac{5}{\sqrt{29}}\right)$

ベクトルの成分表示 3

例題

$\vec{a} = (1, 2)$, $\vec{b} = (3, -5)$ のとき，$\vec{a} + 2\vec{b}$ を成分表示でもとめなさい．

◎ポイント

ベクトルの加減法では，各成分どうしを計算すればよい．

（解説）
$\vec{a} + 2\vec{b} = (1, 2) + 2(3, -5) = (1, 2) + (6, -10) = (1+6, 2-10) = (7, -8)$

[演習] 例題において，次のベクトルの計算結果を成分表示でもとめなさい．
(1) $2\vec{a} - 3\vec{b}$ (2) $-3\vec{a} + 5\vec{b}$

（解答）
(1) $(-7, 19)$ (2) $(12, -31)$

ベクトルの内積 1

例題

$|\vec{a}|=3$, $|\vec{b}|=4$, $\vec{a}$, $\vec{b}$ のなす角が $30°$ のとき, 内積 $\vec{a}\cdot\vec{b}$ の値をもとめなさい.

◎ポイント

ベクトルの内積とは

☆ベクトルの内積
$$\vec{a}\cdot\vec{b} \equiv |\vec{a}|\cdot|\vec{b}|\cos\theta$$

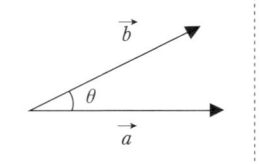

※内積の性質～ $\vec{a}\cdot\vec{a}=|\vec{a}|^2$, $\vec{a}\perp\vec{b} \Leftrightarrow \vec{a}\cdot\vec{b}=0$

と定義される. 力学における内積は,「物体に対して, 仕事をするときに, 力の有効成分のみを取り出すための便利な計算」としてイメージすることができる.

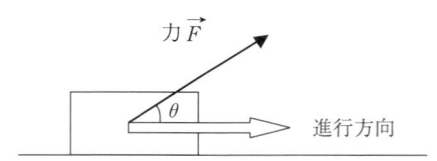

上図のように, 物体を力 $\vec{F}$ で斜め上方に引っ張った. ところが, このとき力 $\vec{F}$ が物体に仕事をしたのは, 地面と水平方向のみであって, 鉛直方向には仕事をしていない. そこで, 仕事に有効な $\vec{F}$ の水平成分のみを取り出すための計算方法が内積である. 詳細は,「力学入門編」にて述べる.

(解説)

$|\vec{a}|\cdot|\vec{b}|\cos\theta = 3\cdot4\cos 30° = 3\cdot4\cdot\dfrac{\sqrt{3}}{2} = 6\sqrt{3}$

[演習] 次のベクトルの内積 $\vec{a}\cdot\vec{b}$ の値をもとめなさい.
(1) $|\vec{a}|=2$, $|\vec{b}|=5$, $\theta=45°$
(2) $|\vec{a}|=6$, $|\vec{b}|=8$, $\theta=120°$

(解答)
(1) $5\sqrt{2}$ (2) -24

ベクトルの内積 2

例 題

$\vec{a}=(1, 3)$, $\vec{b}=(-2, 4)$ のとき,内積 $\vec{a}\cdot\vec{b}$ の値をもとめなさい.

◎ポイント

ベクトルの内積を成分表示からもとめる.

☆ベクトルの内積
　$\vec{a}=(a_1, a_2)$, $\vec{b}=(b_1, b_2)$ のとき,
$$\vec{a}\cdot\vec{b}=a_1b_1+a_2b_2$$

先ほどの内積の定義 $\vec{a}\cdot\vec{b}=|\vec{a}|\cdot|\vec{b}|\cos\theta$ から,$\vec{x}=(1, 0)$,$\vec{y}=(0, 1)$ に対する内積は,$\vec{x}\cdot\vec{x}=1$,$\vec{x}\cdot\vec{y}=0$,$\vec{y}\cdot\vec{y}=1$ である.

ここで,$\vec{a}=a_1\vec{x}+a_2\vec{y}$,$\vec{b}=b_1\vec{x}+b_2\vec{y}$ であるので,
$$\vec{a}\cdot\vec{b}=a_1b_1+a_2b_2$$
であることがわかる.

(解説)
　$1\times(-2)+3\times 4=10$

[演習]　次のベクトルの内積 $\vec{a}\cdot\vec{b}$ の値をもとめなさい.
(1)　$\vec{a}=(-2, 3)$,　$\vec{b}=(1, 5)$
(2)　$\vec{a}=(3, -2)$,　$\vec{b}=(-3, 4)$

(解答)
(1) 13　(2) -17

空間ベクトル

例題

$\vec{a} = (1, 2, 3)$, $\vec{b} = (-2, 1, 5)$ のとき,
(1) $|\vec{a}|$, $|\vec{b}|$ の値をもとめなさい.
(2) $\vec{a} \cdot \vec{b}$ の値をもとめなさい.

◎ポイント

平面(2次元)を空間(3次元)に拡張する.空間ベクトルも平面ベクトルとほぼ同様に扱える.公式等の変更点をあげておく.

☆空間ベクトル(平面ベクトルと異なるもののみ)
$\vec{a} = (a_1, a_2, a_3)$, $\vec{b} = (b_1, b_2, b_3)$ のとき,
$$|\vec{a}| = \sqrt{a_1^2 + a_2^2 + a_3^2}$$
$$\vec{a} \cdot \vec{b} = a_1 b_1 + a_2 b_2 + a_3 b_3$$
※その他の公式等は平面と同じ.

(解説)
(1) $|\vec{a}| = \sqrt{1^2 + 2^2 + 3^2} = \sqrt{14}$, $|\vec{b}| = \sqrt{(-2)^2 + 1^2 + 5^2} = \sqrt{30}$
(2) $1 \times (-2) + 2 \times 1 + 3 \times 5 = 15$

[演習] 次の問いに答えなさい.
(1) $\vec{a} = (3, 2, -1)$, $\vec{b} = (4, -5, 1)$ のとき, $|\vec{a}|$, $|\vec{b}|$, $\vec{a} \cdot \vec{b}$ の値をそれぞれもとめなさい.
(2) $\vec{a} = (5, -2, 3)$, $\vec{b} = (-3, 2, 5)$ のとき, $|\vec{a}|$, $|\vec{b}|$, $\vec{a} \cdot \vec{b}$ の値をそれぞれもとめなさい.

(解答)
(1) $|\vec{a}| = \sqrt{14}$, $|\vec{b}| = \sqrt{42}$, $\vec{a} \cdot \vec{b} = 1$ (2) $|\vec{a}| = \sqrt{38}$, $|\vec{b}| = \sqrt{38}$, $\vec{a} \cdot \vec{b} = -4$

ベクトルの外積 1

例題

2つのベクトル $\vec{a}, \vec{b}$ がある．$|\vec{a}|=3$，$|\vec{b}|=4$，2つのベクトルのなす角が $30°$ であるとき，このベクトルの外積 $\vec{a}\times\vec{b}$ の大きさをもとめなさい．

◎ポイント

ベクトルの外積は，$\vec{a}\times\vec{b}$ で表される．外積とは，ベクトル $\vec{a}, \vec{b}$ に垂直で，$\vec{a}$ から $\vec{b}$ へ回転したときに右ねじの進む向きのベクトルで，その大きさは $|\vec{a}|\cdot|\vec{b}|\sin\theta$ である．

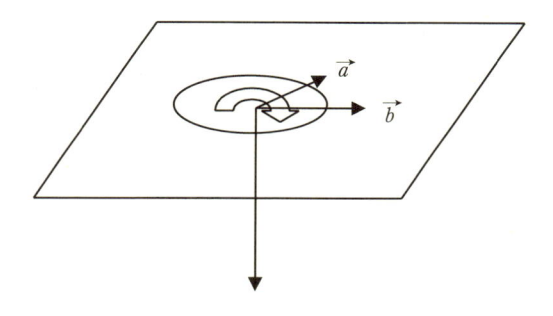

☆外積の性質

$$\vec{a}\times\vec{b}=-\vec{b}\times\vec{a}, \quad \vec{a}\times\vec{a}=0$$

（解説）

$|\vec{a}|\cdot|\vec{b}|\sin\theta = 3\cdot 4\sin 30° = 12\times\dfrac{1}{2} = 6$

[演習] 次の問いに答えなさい．
(1) $|\vec{a}|=4$，$|\vec{b}|=2$，$\theta=90°$ のとき，$\vec{a}\times\vec{b}$ の大きさをもとめなさい．
(2) $|\vec{a}|=3$，$|\vec{b}|=6$，$\theta=150°$ のとき，$\vec{a}\times\vec{b}$ の大きさをもとめなさい．

（解答）
(1) 8 (2) 9

ベクトルの外積2

例題

$\vec{a}=(1, 0, 2)$, $\vec{b}=(-2, 3, 0)$ のとき, $\vec{a}\times\vec{b}$ を成分表示でもとめなさい.

◎ポイント

ベクトルの外積を成分表示から計算する.

☆ベクトルの外積
$\vec{a}=(a_1, a_2, a_3)$, $\vec{b}=(b_1, b_2, b_3)$ のとき,
$$\vec{a}\times\vec{b}=(a_2b_3-a_3b_2,\ a_3b_1-a_1b_3,\ a_1b_2-a_2b_1)$$

(解説)
$\vec{a}\times\vec{b}=(0\times 0-2\times 3,\ 2\times(-2)-1\times 0,\ 1\times 3-0\times(-2))=(-6, -4, 3)$

[演習] 次の問いに答えなさい.

(1) $\vec{a}=(0, 2, 3)$, $\vec{b}=(0, -3, 1)$ のとき, $\vec{a}\times\vec{b}$ を成分表示でもとめなさい.

(2) $\vec{a}=(1, 2, 3)$, $\vec{b}=(2, -1, 4)$ のとき, $\vec{a}\times\vec{b}$ を成分表示でもとめなさい.

(解答)
(1) $(11, 0, 0)$ (2) $(11, 2, -5)$

行列の加減

例題

次の計算をしなさい．

(1) $\begin{bmatrix} 1 & 2 \\ 3 & 4 \end{bmatrix} + \begin{bmatrix} -2 & 1 \\ 5 & -4 \end{bmatrix}$ 　　(2) $\begin{bmatrix} 3 & 4 & -2 \\ -5 & 1 & 5 \\ 6 & 7 & 0 \end{bmatrix} - \begin{bmatrix} 2 & 1 & 7 \\ 5 & 8 & 7 \\ 0 & 6 & 0 \end{bmatrix}$

◎ポイント

行列とは，数や数式などの要素が長方形に並べられたものを呼び，特に m 行 n 列で並べられたものを $m \times n$ 行列と呼ぶ．

行列の和と差は，$m \times n$ 行列どうしでおこない，成分ごとに計算する．

(解説)

(1) $\begin{bmatrix} 1+(-2) & 2+1 \\ 3+5 & 4+(-4) \end{bmatrix} = \begin{bmatrix} -1 & 3 \\ 8 & 0 \end{bmatrix}$

(2) $\begin{bmatrix} 3-2 & 4-1 & -2-7 \\ -5-5 & 1-8 & 5-7 \\ 6-0 & 7-6 & 0-0 \end{bmatrix} = \begin{bmatrix} 1 & 3 & -9 \\ -10 & -7 & -2 \\ 6 & 1 & 0 \end{bmatrix}$

[演習] 次の計算をしなさい．

(1) $\begin{bmatrix} 5 & -2 \\ -3 & 4 \end{bmatrix} + \begin{bmatrix} -4 & 0 \\ 3 & 2 \end{bmatrix}$ 　　(2) $\begin{bmatrix} -1 & 6 & 2 \\ 4 & 0 & -5 \\ -8 & 0 & 3 \end{bmatrix} - \begin{bmatrix} 2 & 0 & 5 \\ 6 & 4 & -3 \\ 7 & -3 & 9 \end{bmatrix}$

(解答)

(1) $\begin{bmatrix} 1 & -2 \\ 0 & 6 \end{bmatrix}$ 　(2) $\begin{bmatrix} -3 & 6 & -3 \\ -2 & -4 & -2 \\ -15 & 3 & -6 \end{bmatrix}$

行列の積

例題

次の行列の積を計算しなさい．
$$\begin{bmatrix} 1 & 2 & 7 \\ 3 & 0 & -5 \\ 0 & -6 & 4 \end{bmatrix} \begin{bmatrix} -3 & 1 & 6 \\ 0 & -2 & 7 \\ 4 & 5 & 1 \end{bmatrix}$$

◎ポイント

☆行列の積の性質
$$AB \neq BA$$
$$A(BC) = (AB)C$$
$$A(B+C) = AB + AC$$

行列の積は $\ell \times m$ 行列と $m \times n$ 行列とでこの順で定義される．

☆行列の積

$$A = \begin{bmatrix} a_{11} & a_{12} & \cdots & a_{1\ell} \\ a_{21} & a_{22} & \cdots & \vdots \\ \vdots & \vdots & \ddots & \vdots \\ a_{m1} & a_{m2} & \cdots & a_{m\ell} \end{bmatrix}, \quad B = \begin{bmatrix} b_{11} & b_{12} & \cdots & b_{1n} \\ b_{21} & b_{22} & \cdots & \vdots \\ \vdots & \vdots & \ddots & \vdots \\ b_{\ell 1} & b_{\ell 2} & \cdots & b_{\ell n} \end{bmatrix}$$

$$AB = \begin{bmatrix} a_{11}b_{11}+a_{12}b_{21}+\ldots+a_{1\ell}b_{\ell 1} & a_{11}b_{12}+a_{12}b_{22}+\ldots+a_{1\ell}b_{\ell 2} & \cdots & a_{11}b_{1n}+a_{12}b_{2n}+\ldots+a_{1\ell}b_{\ell n} \\ a_{21}b_{11}+a_{22}b_{21}+\ldots+a_{2\ell}b_{\ell 1} & a_{21}b_{12}+a_{22}b_{22}+\ldots+a_{2\ell}b_{\ell 2} & \cdots & \vdots \\ \vdots & \vdots & \ddots & \vdots \\ a_{m1}b_{11}+a_{m2}b_{21}+\ldots+a_{m\ell}b_{\ell 1} & a_{m1}b_{12}+a_{m2}b_{22}+\ldots+a_{m\ell}b_{\ell 2} & \cdots & a_{m1}b_{1n}+a_{m2}b_{2n}+\ldots+a_{m\ell}b_{\ell n} \end{bmatrix}$$

つまり，

$$A = \begin{bmatrix} \boxed{1} \\ \boxed{2} \\ \boxed{3} \\ \vdots \end{bmatrix}, \quad B = \begin{bmatrix} \boxed{ア} & \boxed{イ} & \boxed{ウ} & \cdots \end{bmatrix}$$

$$AB = \begin{bmatrix} 1\times\text{ア} & 1\times\text{イ} & 1\times\text{ウ} & \cdots \\ 2\times\text{ア} & 2\times\text{イ} & 2\times\text{ウ} & \cdots \\ 3\times\text{ア} & 3\times\text{イ} & 3\times\text{ウ} & \cdots \\ \vdots & \vdots & \vdots & \ddots \end{bmatrix}$$

のように(Aの行ベクトル)・(Bの列ベクトル)として書ける．
したがって，Aの行ベクトルの要素の数と，Bの列ベクトルの要素の数が異なる場合には，積は得られないのである．

(解説)

$\begin{bmatrix} \rightarrow \\ \ \\ \ \end{bmatrix}\begin{bmatrix} \downarrow & \downarrow & \downarrow \end{bmatrix} = \begin{bmatrix} 1\times(-3)+2\times0+7\times4 & 1\times1+2\times(-2)+7\times5 & 1\times6+2\times7+7\times1 \end{bmatrix}$

$\begin{bmatrix} \ \\ \rightarrow \\ \ \end{bmatrix}\begin{bmatrix} \downarrow & \downarrow & \downarrow \end{bmatrix} = \begin{bmatrix} 3\times(-3)+0\times0+(-5)\times4 & 3\times1+0\times(-2)+(-5)\times5 & 3\times6+0\times7+(-5)\times1 \end{bmatrix}$

$\begin{bmatrix} \ \\ \ \\ \rightarrow \end{bmatrix}\begin{bmatrix} \downarrow & \downarrow & \downarrow \end{bmatrix} = \begin{bmatrix} 0\times(-3)+(-6)\times0+4\times4 & 0\times1+(-6)\times(-2)+4\times5 & 0\times6+(-6)\times7+4\times1 \end{bmatrix}$

したがって，$\begin{bmatrix} 25 & 32 & 27 \\ -29 & -22 & 13 \\ 16 & 32 & -38 \end{bmatrix}$ となる．

[演習] 次の行列の積を計算しなさい．

(1) $\begin{bmatrix} 1 & 2 & 3 \\ 4 & 5 & 0 \end{bmatrix} \begin{bmatrix} 1 & 2 \\ -3 & -5 \\ 4 & 2 \end{bmatrix}$ (2) $\begin{bmatrix} 3 & 0 & -2 \\ 0 & 1 & 0 \\ -4 & 0 & 0 \end{bmatrix} \begin{bmatrix} 5 & -1 & 2 \\ 4 & 3 & -3 \\ 6 & 0 & 0 \end{bmatrix}$

(解答)

(1) $\begin{bmatrix} 7 & -2 \\ -11 & -17 \end{bmatrix}$ (2) $\begin{bmatrix} 3 & -3 & 6 \\ 4 & 3 & -3 \\ -20 & 4 & -8 \end{bmatrix}$

回転行列

例題

ベクトル $\vec{x} = \begin{bmatrix} 2 \\ 3 \end{bmatrix}$ を原点を中心に反時計回りに 30° 回転させたベクトル $\vec{x'}$ をもとめなさい．

◎ポイント

ベクトルはこれまで，行ベクトルとして表現されてきたが，列ベクトルとして表現しても問題ない．ここでは，列ベクトルの表現を用いる．列ベクトルを回転させる行列は以下のようになる．

☆回転行列

平面直交座標系で，原点を中心として，ベクトル $\vec{x} = \begin{bmatrix} x \\ y \end{bmatrix}$ を反時計回りに θ 回転させる回転行列は，次のようになる．

$$A = \begin{bmatrix} \cos\theta & -\sin\theta \\ \sin\theta & \cos\theta \end{bmatrix}$$

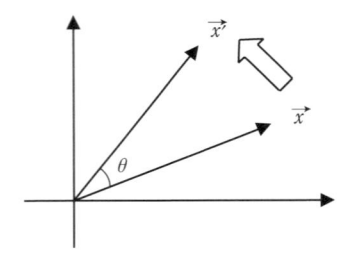

回転後のベクトル $\vec{x'} = \begin{bmatrix} x \\ y \end{bmatrix}$ は，$\vec{x'} = A\vec{x}$ で計算される．

$$\vec{x'} = \begin{bmatrix} x' \\ y' \end{bmatrix} = A\vec{x} = \begin{bmatrix} \cos\theta & -\sin\theta \\ \sin\theta & \cos\theta \end{bmatrix} \begin{bmatrix} x \\ y \end{bmatrix} = \begin{bmatrix} x\cos\theta - y\sin\theta \\ x\sin\theta + y\cos\theta \end{bmatrix}$$

（解説）

$$\begin{bmatrix} \cos 30° & -\sin 30° \\ \sin 30° & \cos 30° \end{bmatrix} \begin{bmatrix} 2 \\ 3 \end{bmatrix} = \begin{bmatrix} \frac{\sqrt{3}}{2} & -\frac{1}{2} \\ \frac{1}{2} & \frac{\sqrt{3}}{2} \end{bmatrix} \begin{bmatrix} 2 \\ 3 \end{bmatrix} = \begin{bmatrix} \sqrt{3} - \frac{3}{2} \\ 1 + \frac{3\sqrt{3}}{2} \end{bmatrix}$$

[演習] 次のベクトル $\vec{x} = \begin{bmatrix} 1 \\ 0 \end{bmatrix}$, $\vec{y} = \begin{bmatrix} 0 \\ 1 \end{bmatrix}$ をそれぞれ原点を中心に 45°, 60° 回転させたベクトルをもとめなさい．

(1) $\vec{x} = \begin{bmatrix} 1 \\ 0 \end{bmatrix}$　　　　　　　　　(2) $\vec{y} = \begin{bmatrix} 0 \\ 1 \end{bmatrix}$

(解答)

(1) $\begin{bmatrix} \frac{1}{\sqrt{2}} \\ \frac{1}{\sqrt{2}} \end{bmatrix}$, $\begin{bmatrix} \frac{1}{2} \\ \frac{\sqrt{3}}{2} \end{bmatrix}$　(2) $\begin{bmatrix} -\frac{1}{\sqrt{2}} \\ \frac{1}{\sqrt{2}} \end{bmatrix}$, $\begin{bmatrix} -\frac{\sqrt{3}}{2} \\ \frac{1}{2} \end{bmatrix}$

行列式 1

例題

行列式 $\begin{vmatrix} 2 & 3 \\ 1 & -5 \end{vmatrix}$ の値をもとめなさい．

◎ポイント

正方行列 A に対して，行列式「$|A|$」(または，「$\det A$」と表現される)が定義される．行列式のもとめ方は以下のようである．

☆ 2×2 正方行列の行列式のもとめ方
$$\begin{vmatrix} a & b \\ c & d \end{vmatrix} = ad - bc$$

※正方行列とは，行と列の数が同じ行列のことである．

（解説）

公式どおり．$2 \times (-5) - 3 \times 1 = -13$

[演習] 次の行列式の値をもとめなさい．

(1) $\begin{vmatrix} 4 & 5 \\ 6 & 2 \end{vmatrix}$

(2) $\begin{vmatrix} \cos\theta & -\sin\theta \\ \sin\theta & \cos\theta \end{vmatrix}$

（解答）

(1) -22　(2) 1

行 列 式 2

> **例 題**
>
> 行列式 $\begin{vmatrix} 1 & -1 & 0 \\ 0 & 2 & 3 \\ 4 & 1 & -5 \end{vmatrix}$ の値をもとめなさい．

◎ポイント

正方行列 A に対して，行列式「$|A|$」(または，「$\det A$」と表現される)が定義される．行列式のもとめ方は以下のようである．

☆ 3×3 正方行列の行列式のもとめ方

$$\begin{vmatrix} a_{11} & a_{12} & a_{13} \\ a_{21} & a_{22} & a_{23} \\ a_{31} & a_{32} & a_{33} \end{vmatrix} = a_{11}a_{22}a_{33} + a_{12}a_{23}a_{31} + a_{13}a_{32}a_{21} - a_{13}a_{22}a_{31} - a_{12}a_{21}a_{33} - a_{11}a_{32}a_{23}$$

以下のように覚えておくと良い．

実線はプラス，点線はマイナス

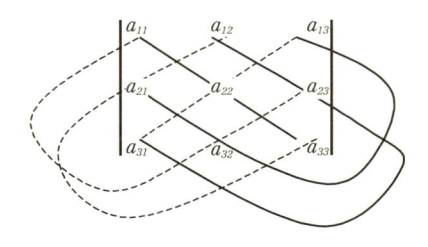

※正方行列とは，行と列の数が同じ行列のことである．

（解説）

公式どおり．

$\begin{vmatrix} 1 & -1 & 0 \\ 0 & 2 & 3 \\ 4 & 1 & -5 \end{vmatrix} = 1\times 2\times (-5) + (-1)\times 3\times 4 + 0\times 1\times 0 - 0\times 2\times 4 - (-1)\times 0\times (-5) - 1\times 1\times 3$

$\qquad\qquad = -25$

[**演習**]　次の行列式の値をもとめなさい．

(1) $\begin{vmatrix} 4 & -3 & 6 \\ 1 & 0 & 4 \\ 0 & -2 & 0 \end{vmatrix}$
(2) $\begin{vmatrix} 0 & -1 & 2 \\ 0 & 3 & 8 \\ 5 & 2 & -1 \end{vmatrix}$

(解答)
(1) 20　(2) -70

極座標 1

例題

次の問いに答えなさい．

(1) 平面極座標で表すと $\left(2, \dfrac{\pi}{6}\right)$ になる点を平面直交座標で表しなさい．

(2) 平面直交座標で表すと $(1, 1)$ になる点を平面極座標で表しなさい．

◎ポイント

平面上の点を表現するためにさまざまな表現方法があるが，ここでは2種類の表現方法について解説する．

1．平面直交座標
2．平面極座標

どちらも平面上の1点を一意的に決定できる(極座標における偏角 $2n\pi$ の任意性を除く)．どちらがよいかは，その状況に応じて使いやすいものを利用するのがよい．

☆平面極座標

点Aは平面直交座標では (x, y)，平面極座標では (r, θ) で表現される．

$$\begin{cases} x = r\cos\theta \\ y = r\sin\theta \end{cases} \Leftrightarrow \begin{aligned} & r = \sqrt{x^2 + y^2} \\ & \sin\theta = \frac{y}{r}, \ \cos\theta = \frac{x}{r} \end{aligned}$$

の関係がある．ただし，$0 \leq \theta < 2\pi$ である．

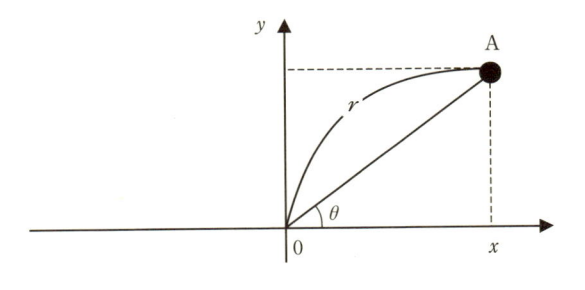

(解説)

(1) $\begin{cases} x = 2\cos\dfrac{\pi}{6} = \sqrt{3} \\ y = 2\sin\dfrac{\pi}{6} = 1 \end{cases}$ $\therefore$ $(\sqrt{3},\ 1)$

(2) $r = \sqrt{1^2 + 1^2} = \sqrt{2}$,

$\sin\theta = \dfrac{1}{\sqrt{2}}$, $\cos\theta = \dfrac{1}{\sqrt{2}}$ より, $\theta = \dfrac{\pi}{4}$. $\therefore$ $\left(\sqrt{2},\ \dfrac{\pi}{4}\right)$

[演習] 次の問いに答えなさい．

(1) 平面極座標で表すと $\left(4,\ \dfrac{3}{4}\pi\right)$ になる点を平面直交座標で表しなさい．

(2) 平面直交座標で表すと $(-2,\ -2)$ になる点を平面極座標で表しなさい．

(解答)

(1) $(-2\sqrt{2},\ 2\sqrt{2})$ (2) $\left(2\sqrt{2},\ \dfrac{5}{4}\pi\right)$

極座標 2

例題

次の問いに答えなさい．

(1) 球座標で表すと $\left(3, \dfrac{\pi}{4}, \dfrac{\pi}{6}\right)$ になる点を空間直交座標で表しなさい．

(2) 空間直交座標で表すと $\left(\dfrac{\sqrt{6}}{2}, \dfrac{\sqrt{6}}{2}, 1\right)$ になる点を球座標で表しなさい．

◎ポイント

空間上の点を表現するためにさまざまな表現方法があるが，ここでは2種類の表現方法について解説する．

1．空間直交座標
2．球座標

どちらも空間上の1点を一意的に決定できる(極座標における偏角 $2n\pi$ の任意性を除く)．どちらがよいかは，その状況に応じて使いやすいものを利用するのがよい．

☆球座標

点Aは平面直交座標では (x, y, z)，平面極座標では (r, θ, φ) で表現される．

$$\begin{cases} x = r\sin\theta\cos\varphi \\ y = r\sin\theta\sin\varphi \\ z = r\cos\theta \end{cases} \quad (r = \sqrt{x^2 + y^2 + z^2})$$

の関係がある．ただし，$0 \leq \theta \leq \pi$，$0 \leq \varphi < 2\pi$ である．

（解説）

(1) $\begin{cases} x = 3\sin\dfrac{\pi}{4}\cos\dfrac{\pi}{6} \\ y = 3\sin\dfrac{\pi}{4}\sin\dfrac{\pi}{6} \\ z = 3\cos\dfrac{\pi}{4} \end{cases}$ $\left(\dfrac{3\sqrt{6}}{4},\ \dfrac{3\sqrt{2}}{4},\ \dfrac{3\sqrt{2}}{2}\right)$

(2) $r = \sqrt{\left(\dfrac{\sqrt{6}}{2}\right)^2 + \left(\dfrac{\sqrt{6}}{2}\right)^2 + 1^2} = 2$

$z = 2\cos\theta$ に代入して，$1 = 2\cos\theta$，$\cos\theta = \dfrac{1}{2}$，$\therefore\ \theta = \dfrac{\pi}{3}$ となる．

これを $x = 3\sin\theta\cos\varphi$，$y = 3\sin\theta\sin\varphi$ に代入して，

$\dfrac{\sqrt{6}}{2} = 2\sin\dfrac{\pi}{3}\cos\varphi$，$\dfrac{\sqrt{6}}{2} = 2\sin\dfrac{\pi}{3}\sin\varphi$，$\therefore\ \dfrac{\sqrt{6}}{2} = 2\cdot\dfrac{\sqrt{3}}{2}\cos\varphi$，$\dfrac{\sqrt{6}}{2} = 2\cdot\dfrac{\sqrt{3}}{2}\sin\varphi$

$\therefore\ \cos\varphi = \dfrac{1}{\sqrt{2}}$，$\sin\varphi = \dfrac{1}{\sqrt{2}}$．よって，$\varphi = \dfrac{\pi}{4}$

したがって，もとめる球座標は，$\left(2,\ \dfrac{\pi}{3},\ \dfrac{\pi}{4}\right)$ である．

[演習] 次の問いに答えなさい．

(1) 球座標で表すと $\left(4,\ \dfrac{\pi}{4},\ \dfrac{7}{6}\pi\right)$ になる点を空間直交座標で表しなさい．

(2) 空間直交座標で表すと $(2\sqrt{3},\ -6,\ 4)$ になる点を球座標で表しなさい．

（解答）

(1) $(-\sqrt{6},\ -\sqrt{2},\ 2\sqrt{2})$ (2) $\left(8,\ \dfrac{\pi}{3},\ \dfrac{5}{3}\pi\right)$

極座標における積分1

> **例 題**
>
> 次の積分を計算しなさい．
> $$\int_{r=0}^{r=2}\int_{\theta=0}^{\theta=\pi} r\sin\theta\, dr d\theta$$

◎ポイント

多重積分の方法どおりに

（解説）

$$\int_{r=0}^{r=2} r\, dr \int_{\theta=0}^{\theta=\pi} \sin\theta\, d\theta = \int_{r=0}^{r=2} r\Big[-\cos\theta\Big]_{\theta=0}^{\theta=\pi} dr = \int_{r=0}^{r=2} 2r\, dr = \Big[r^2\Big]_{r=0}^{r=2} = 4$$

[演習] 次の積分を計算しなさい．

$$\int_{r=-1}^{r=1}\int_{\theta=0}^{\theta=\frac{\pi}{6}} 6r^2\cos 2\theta\, dr d\theta$$

（解答）
$\sqrt{3}$

極座標における積分 2

例 題

次の積分を計算しなさい．

$$\int_{r=0}^{r=1}\int_{\theta=0}^{\theta=\pi}\int_{\varphi=0}^{\varphi=\frac{\pi}{2}} \frac{1}{2}r^3\sin\theta\sin 2\varphi\, dr d\theta d\varphi$$

◎ポイント

多重積分の方法どおりに．

（解説）

$$\int_{r=0}^{r=1}\frac{1}{2}r^3 dr\int_{\theta=0}^{\theta=\pi}\sin\theta d\theta\int_{\varphi=0}^{\varphi=\frac{\pi}{2}}\sin 2\varphi d\varphi = \int_{r=0}^{r=1}\frac{1}{2}r^3 dr\int_{\theta=0}^{\theta=\pi}\sin\theta\left[-\frac{1}{2}\cos 2\varphi\right]_{\varphi=0}^{\varphi=\frac{\pi}{2}}d\theta$$

$$=\int_{r=0}^{r=1}\frac{1}{2}r^3 dr\int_{\theta=0}^{\theta=\pi}\sin\theta d\theta = \int_{r=0}^{r=1}\frac{1}{2}r^3\left[-\cos\theta\right]_{\theta=0}^{\theta=\pi}dr = \int_{r=0}^{r=1}r^3 dr = \left[\frac{1}{4}r^4\right]_{r=0}^{r=1}$$

$$=\frac{1}{4}$$

[演習] 次の積分を計算しなさい．

$$\int_{r=-2}^{r=2}\int_{\theta=0}^{\theta=\frac{\pi}{2}}\int_{\varphi=0}^{\varphi=\frac{\pi}{12}} r^2\sin 2\theta\cos 3\varphi\, dr d\theta d\varphi$$

（解答）

$\dfrac{8}{9}\sqrt{2}$

ヤコビアン１

> **例 題**
> $\begin{cases} x = r\cos\theta \\ y = r\sin\theta \end{cases}$ のとき，ヤコビアン $J(r, \theta)$ を計算しなさい．

◎ポイント

積分計算において座標変換をおこなうときには，次の変換公式が成り立つ．

> ☆積分計算での座標変換公式（2次元の場合）
> 　連続な関数 $f(x, y)$ について，xy 平面上での積分範囲 Ω の積分から uv 平面上での積分範囲 Γ の積分へと変数変換をおこなうとき
> $$\iint_\Omega f(x, y)\,dxdy = \iint_\Gamma f(x(u, v), y(u, v))|J(u, v)|\,dudv$$
> が成り立つ．$J(u, v)$ はヤコビアンと呼ばれ，
> $$J(u, v) = \begin{vmatrix} \dfrac{\partial x}{\partial u} & \dfrac{\partial x}{\partial v} \\ \dfrac{\partial y}{\partial u} & \dfrac{\partial y}{\partial v} \end{vmatrix}$$
> で計算される．

（解説）

$$J(r, \theta) = \begin{vmatrix} \dfrac{\partial x}{\partial r} & \dfrac{\partial x}{\partial \theta} \\ \dfrac{\partial y}{\partial r} & \dfrac{\partial y}{\partial \theta} \end{vmatrix} = \begin{vmatrix} \cos\theta & -r\sin\theta \\ \sin\theta & r\cos\theta \end{vmatrix} = r(\cos^2\theta + \sin^2\theta) = r$$

[演習] 次の問いに答えなさい．

(1) $\begin{cases} x = \dfrac{1}{\sqrt{2}}(x' + y') \\ y = \dfrac{1}{\sqrt{2}}(x' - y') \end{cases}$ のとき，ヤコビアン $J(x', y')$ を計算しなさい．

(2) $\iint_{x^2+y^2\leq 1} 2\sqrt{x^2+y^2}\,dxdy$ を計算しなさい．

（解答）

(1) -1

(2) $\iint_{x^2+y^2\leq 1} 2\sqrt{x^2+y^2}\,dxdy$

$=\int_{x=0}^{x=1}\int_{y=0}^{y=\sqrt{1-x^2}} 2\sqrt{x^2+y^2}\,dxdy$

これはなかなか複雑な積分となる．

しかし，極座標 $\begin{cases} x=r\cos\theta \\ y=r\sin\theta \end{cases}$ へと変数変換するとこの積分は簡単になる．

$x^2+y^2=r^2(\cos^2\theta+\sin^2\theta)=r^2$ であるので，

$\iint_{x^2+y^2\leq 1} 2\sqrt{x^2+y^2}\,dxdy$

$=2\iint_{r\leq 1} r\,dxdy$

$=2\int_{r=0}^{r=1}\int_{\theta=0}^{\theta=2\pi} r^2\,drd\theta$

$=4\pi\int_{r=0}^{r=1} r^2\,dr$

$=\dfrac{4}{3}\pi$

ヤコビアン 2

例題

$\begin{cases} x = r\sin\theta\cos\varphi \\ y = r\sin\theta\sin\varphi \\ z = r\cos\theta \end{cases}$ のとき，ヤコビアン $J(r, \theta, \varphi)$ を計算しなさい．

◎ポイント

積分計算において座標変換をおこなうときには，次の変換公式が成り立つ．

☆積分計算での座標変換公式（3次元の場合）

連続な関数 $f(x, y, z)$ について，xyz 空間上での積分範囲 Ω の積分から uvw 空間上での積分範囲 Γ の積分へと変数変換をおこなうとき

$$\iiint_\Omega f(x, y, z)\,dxdydz = \iiint_\Gamma f(x(u,v,w), y(u,v,w), z(u,v,w))|J(u,v,w)|\,dudvdw$$

が成り立つ．$J(u, v, w)$ はヤコビアンと呼ばれ，

$$J(u, v, w) = \begin{vmatrix} \dfrac{\partial x}{\partial u} & \dfrac{\partial x}{\partial v} & \dfrac{\partial x}{\partial w} \\ \dfrac{\partial y}{\partial u} & \dfrac{\partial y}{\partial v} & \dfrac{\partial y}{\partial w} \\ \dfrac{\partial z}{\partial u} & \dfrac{\partial z}{\partial v} & \dfrac{\partial z}{\partial w} \end{vmatrix}$$

で計算される．

（解説）

$$J(r, \theta, \varphi) = \begin{vmatrix} \dfrac{\partial x}{\partial r} & \dfrac{\partial x}{\partial \theta} & \dfrac{\partial x}{\partial \varphi} \\ \dfrac{\partial y}{\partial r} & \dfrac{\partial y}{\partial \theta} & \dfrac{\partial y}{\partial \varphi} \\ \dfrac{\partial z}{\partial r} & \dfrac{\partial z}{\partial \theta} & \dfrac{\partial z}{\partial \varphi} \end{vmatrix} = \begin{vmatrix} \sin\theta\cos\varphi & r\cos\theta\cos\varphi & -r\sin\theta\sin\varphi \\ \sin\theta\sin\varphi & r\cos\theta\sin\varphi & r\sin\theta\cos\varphi \\ \cos\theta & -r\sin\theta & 0 \end{vmatrix} = r^2\sin\theta$$

[演習] 次の問いに答えなさい．

(1) $\begin{cases} x = \dfrac{1}{\sqrt{3}}x' + \dfrac{1}{\sqrt{3}}y' + \dfrac{1}{\sqrt{3}}z' \\ y = \dfrac{1}{\sqrt{6}}x' - \dfrac{2}{\sqrt{6}}y' + \dfrac{1}{\sqrt{6}}z' \\ y = \dfrac{1}{\sqrt{2}}x' - \dfrac{1}{\sqrt{2}}z' \end{cases}$ のとき，ヤコビアン $J(x', y', z')$ を計算しなさい．

(2) $\iiint_{x^2+y^2+z^2 \leq 1} \sqrt{x^2+y^2+z^2}\, dxdydz$ を計算しなさい．

(解答)

(1) 1

(2) この問題も，極座標 $\begin{cases} x = r\sin\theta\cos\varphi \\ y = r\sin\theta\sin\varphi \\ z = r\cos\theta \end{cases}$ ($r = \sqrt{x^2+y^2+z^2}$) へと変数変換することにより楽に解ける．

$x^2 + y^2 + z^2 = r^2$ であるので，

$\iiint_{x^2+y^2+z^2 \leq 1} \sqrt{x^2+y^2+z^2}\, dxdydz$

$= \iiint_{r \leq 1} r \cdot r^2 \sin\theta\, drd\theta d\varphi$

$= \int_{r=0}^{r=1}\int_{\theta=0}^{\theta=\pi}\int_{\varphi=0}^{\varphi=2\pi} r^3 \sin\theta\, drd\theta d\varphi$

$= 2\pi \int_{r=0}^{r=1}\int_{\theta=0}^{\theta=\pi} r^3 \sin\theta\, drd\theta$

$= 4\pi \int_{r=0}^{r=1} r^3\, dr$

$= \pi$

力学入門編

力学を勉強する前に

● 単位系について

物理学の世界では，さまざまな単位系が採用されている．

表．単位系のいろいろ

単位系名	詳細
mks 単位系	m(メートル)，kg(キログラム)，s(秒)の3つの単位を基本とした単位系．後に，これを拡張した国際単位系(SI 単位系)が国際標準となっている．
CGS 単位系	cm(センチメートル)，g(グラム)，s(秒)の3つの単位を基本とした単位系．力学の範囲では他の単位系と10のべき乗の違いしかないが，電磁気学での基本量の取り方が異なる．
SI 単位系	mks 単位系を拡張．m(メートル)，kg(キログラム)，s(秒)，A(アンペア)，K(ケルビン)，mol(モル)，cd(カンデラ)の7つの単位を基本とした単位系．多くの国，多くの分野で使用されている．

※本書では SI 単位系を採用する．

これらの量に接頭語をつけて小さな量や大きな量を呼びやすくする．

大きさ	接頭語	記号	大きさ	接頭語	記号
10^3	キロ	k	10^{-3}	ミリ	m
10^6	メガ	M	10^{-6}	マイクロ	μ
10^9	ギガ	G	10^{-9}	ナノ	n

この他にも c(センチ，10^{-2})や d(デシ，10^{-1})などが使われる．

●物理で使う記号について

　物理学の世界では，各物理量には，慣習的に決まったアルファベットなどの文字が当てられることが多い．主な物理量とそれを表す文字の対応を以下の表に示す．

表．物理量と文字

物理量	文字	英単語
長さ	ℓ	length
変位	x	
時間	t	time
質量	m	mass
速度	v	velocity
加速度	a	acceleration
電荷	q	
磁荷	q_m	
力	F	force
仕事	W	work
エネルギー	E	energy
運動量	p	
角速度	ω	
振動数	ν	
ポテンシャル	V	
運動エネルギー	K or T	

速さと速度

●速さとは

速さとは「1秒あたりの物体の進む距離のこと」で，

$$(\text{速さ}) = |\vec{v}| = \left|\frac{d\vec{x}}{dt}\right|$$

で与えられる．もし，等速直線運動(速さと運動方向が一定の運動)なら，時間 t_1 のときの物体の位置を $\vec{x}_1$，時間 t_2 のときの物体の位置を $\vec{x}_2$ とすると，$t_1 < t_2$ において，

$$(\text{速さ}) = |\vec{v}| = \frac{|\vec{x}_2 - \vec{x}_1|}{t_2 - t_1}$$

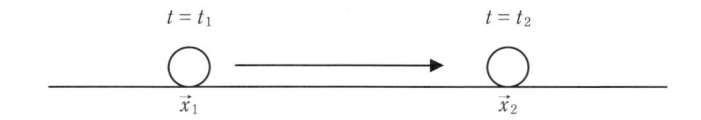

でもとめられる．

SI単位系における速さの単位は「m/s」である．

●速度とは

速度とは「1秒あたりの物体の位置の変化のこと」で，

$$(\text{速度}) = \vec{v} = \frac{d\vec{x}}{dt}$$

で与えられる．もし，等速直線運動なら，上記と同様の条件で，

$$(\text{速度}) = \vec{v} = \frac{\vec{x}_2 - \vec{x}_1}{t_2 - t_1}$$

でもとめられる．

速さは大きさのみを表すスカラー量，速度は方向を持ったベクトル量である．ただし実際は，あまり区別なく用いられることも多いので注意しよう．

> 【ケース1】 原点にいる人がx軸上を正の方向に5m進み，その後，逆の方向に3[m]進んだ．移動距離と出発点からの変位をそれぞれもとめてみよう．

※変位とは〜基準点からの位置の変化を表すベクトル量である．

(解説)

　移動距離は，$5+3=8$[m]

変位は，$5-3=2$[m]

となる．

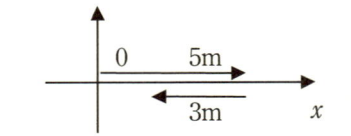

> 【ケース2】 Aさんは大学から一番近いコンビニを探して，東に4[km]，それから北に3[km]歩いた．このときのAさんの出発点からの移動距離と出発点からの変位をもとめてみよう．ここで，東をx軸の正方向，北をy軸の正方向，出発点を原点とする．

(解説)

　Aさんの様子を右図に表した．

移動距離は，$4+3=7$[km]

変位は，$\vec{x}=(4, 3)$である．

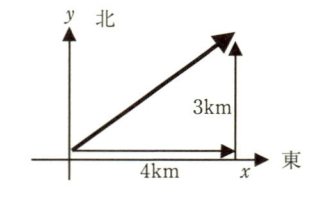

> 【ケース3】 ボールが一定の速さで転がっている．$t_1=3$[s]のとき，$x_1=10$[m]の位置に，$t_2=7$[s]のとき，$x_2=2$[m]の位置にあった．ボールの速さと速度とをもとめてみよう．

（解説）

速さは，$|\vec{v}| = \dfrac{|x_2 - x_1|}{t_2 - t_1} = \dfrac{|2 - 10|}{7 - 3} = 2\,[\mathrm{m/s}]$　である．

速度は，$\vec{v} = \dfrac{x_2 - x_1}{t_2 - t_1} = \dfrac{2 - 10}{7 - 3} = -2\,[\mathrm{m/s}]$（$x$軸方向を正とする）．

●相対速度

相対速度とは「運動する2つの物体の一方（B）から見た他方（A）の速度（Bに乗った人から見たAの速度）」のことである．

$$（相対速度）= \vec{v'} = \vec{v}_A - \vec{v}_B　（見ている人の速度を引く）$$

例えば，x軸の正の方向に時速4[km]で歩いている人が，同方向に時速40[km]で走る車を見たらどのように見えるかを考えてみよう．

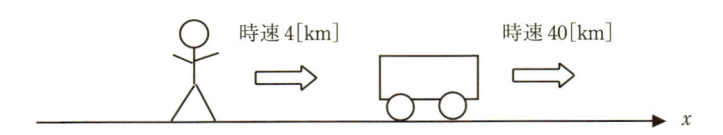

上記公式より，

$$(+40) - (+4) = 36\,[\mathrm{km/h}]$$

となる．つまり，正の方向に時速36[km]の速さで走っているように見える．また，同じ人が，反対方向に時速40[km]で走る車を見たらどうなるだろうか．

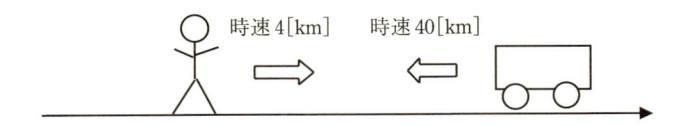

公式より，

$$(-40) - (+4) = -44\,[\mathrm{km/h}]$$

となる．つまり，負の方向に時速44[km]の速さで走っているように見える．

【ケース4】 時速40[km]で走っている列車の窓から見た雨の速度をもとめてみよう．ここで，雨の速度は鉛直下向きに時速30[km]の速度であるとする．

(解説)

ベクトルの引き算を使う．

☆相対速度の公式
(相対速度)$=\vec{v}'=\vec{v}_A-\vec{v}_B$

公式において，
$\vec{v}_A=$(雨の速度)
$\vec{v}_B=$(列車の速度)
である．図で，考える．

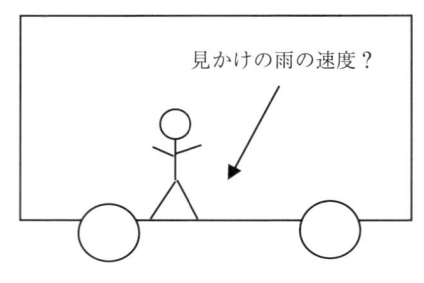

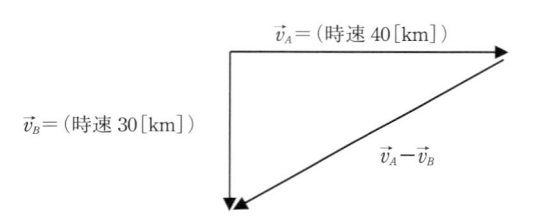

三平方の定理より，
$|\vec{v}_A-\vec{v}_B|=\sqrt{40^2+30^2}=50$[km/h]

よって，もとめる相対速度は，大きさが時速50[km]，方向は図のようなベクトルである．

加 速 度

●加速度

加速度とは「1秒あたりの速度の変化」のことで，

$$（加速度）= \vec{a} = \frac{d\vec{v}}{dt} = \frac{d}{dt}\left(\frac{d\vec{x}}{dt}\right) = \frac{d^2\vec{x}}{dt^2}$$

で与えられる．もし加速度運動が，等加速度直線運動(加速度と運動方向が一定の運動)であるなら，時間 t_1 のときの物体の速度を $\vec{v_1}$，時間 t_2 のときの物体の速度を $\vec{v_2}$ とすると，$t_1 < t_2$ において，

$$（加速度）= \vec{a} = \frac{\vec{v_2} - \vec{v_1}}{t_2 - t_1}$$

である．

SI単位系における加速度の単位は「m/s²」である．重力による加速度は重力加速度といわれ，地上では，$g = 9.8 [\text{m/s}^2]$（向きは鉛直下向き）である．

【ケース5】 時間 $t_1 = 5.0 [\text{s}]$ のときの速度が $v_1 = 8.0 [\text{m/s}]$，時間 $t_2 = 10.0 [\text{s}]$ のときの速度が $v_2 = -10.0 [\text{m/s}]$ である等加速度直線運動をしている物体の加速度をもとめてみよう．

（解説）

定義式より，

$$\vec{a} = \frac{-10.0 - 8.0}{10.0 - 5.0} = -3.6 [\text{m/s}^2]$$

●加速度から速度をもとめる

上述のように加速度の定義式は,

$$\vec{a} = \frac{d\vec{v}}{dt}$$

である．$t=0$ のときの速度（初速度）を v_0 とする．t 秒後の速度は上式を 0 から t まで積分することにより,

$$\int_0^t \vec{a} \, dt' = \int_0^t \frac{d\vec{v}}{dt'} dt' = \vec{v}(t) - \vec{v_0}$$

$$\vec{v}(t) = \vec{v_0} + \int_0^t \vec{a} \, dt'$$

ここで，重複を避けるために積分変数の文字を t' とした．

もし，等加速度運動（$\vec{a}$ が一定）の場合は,

$$\vec{v}(t) = \vec{v_0} + \vec{a}t$$

となる．

【ケース6】 速さ $16[\text{m/s}]$ で等加速度で直進している車が，同方向に $2.0[\text{m/s}^2]$ で加速して，$3[\text{s}]$ 間加速した．$3[\text{s}]$ 後の速度を調べてみよう．

（解説）

上記公式 $v(t) = v_0 + at$ より,

$$v(3) = 16 + 2 \cdot 3 = 22 [\text{m/s}]$$

となる．

●速度から変位をもとめる

　加速度から速度をもとめたように，速度から変位が得られる．速度は，

$$\vec{v} = \frac{d\vec{x}}{dt}$$

でもとめることができた．上式の両辺を t で積分することにより，

$$\int_0^t \vec{v}\, dt' = \int_0^t \frac{d\vec{x}}{dt'}\, dt' = \vec{x}(t) - \vec{x}_0$$

$$\vec{x}(t) = \vec{x}_0 + \int_0^t \vec{v}\, dt'$$

ここで，重複を避けるために積分変数の文字を t' とした．

　もし，等速度運動（$\vec{v}$ が一定）で，$\vec{x}_0 = 0$ の場合は，

$$\vec{x}(t) = \vec{v}\, t$$

となる．

　また，等加速度運動（$\vec{a}$ が一定）の場合は，

$$\vec{x}(t) = \int_0^t (\vec{v}_0 + \vec{a}\, t')\, dt' = \left[\vec{v}_0 t' + \frac{1}{2}\vec{a}\, t'^2\right]_0^t = \vec{v}_0 t + \frac{1}{2}\vec{a}\, t^2$$

となる．等速度運動も加速度 0 の等加速度運動の 1 つであると考えられるので，これまでの結果をまとめると，次の公式となる．

☆等加速度直線運動の公式

① $v(t) = v_0 + at$

② $x(t) = v_0 t + \dfrac{1}{2} at^2$

また①と②から

$v(t)^2 - v_0^2 = 2a x(t)$

の式が得られる．

【ケース7】 速さ15.0[m/s]で走っているパトカーが,不審車両を追跡するため,加速度5.0[m/s²]で4.0[s]間加速した.4.0[s]後の速度とこの4.0[s]間での変位をもとめてみよう.

(解説)

上記公式①,②から,
$$v(4.0) = 15.0 + 5.0 \cdot 4.0 = 35 [\text{m/s}]$$
$$x(4.0) = 15.0 \cdot 4.0 + \frac{1}{2} \cdot 5.0 \cdot 4.0^2 = 100 [\text{m}]$$

【ケース8】 速さ20.0[m/s]で走っているバスが,バス停で止まるために加速度$-5.0[\text{m/s}^2]$で減速して停止した.この間の変位をもとめてみよう.

(解説)

上記公式①から,止まるまでにかかる時間は,
$$v(t) = 20.0 - 5.0t = 0, \quad t = 4.0,$$
その4.0秒間に進んだ距離は公式②から,
$$x(4.0) = 20.0 \cdot 4.0 + \frac{1}{2}(-5.0) \cdot 4.0^2 = 40$$
$$\therefore x = 40 [\text{m}]$$

●鉛直落下運動

鉛直落下運動は,等加速度直線運動であり,鉛直下向きを正の方向と定めると,加速度の大きさは重力加速度の大きさ$g(=9.8[\text{m/s}^2])$となる.このとき,等加速度直線運動の公式は次のようになる.

☆鉛直落下運動の3公式
① $v(t) = v_0 + gt$
② $x(t) = v_0 t + \frac{1}{2} g t^2$

この公式を見ると等加速度直線運動の公式から加速度 a を g に置き換えただけであることが理解できると思う．つまり，落下運動はただの等加速度運動の一種で新たに公式を覚えなくても，落下運動の加速度が g であることさえ理解していれば単なる等加速度運動と同じように解けることがわかる．

【ケース9】 高さ $122.5[\mathrm{m}]$ の建物の屋上からボールを自由落下させた．重力加速度を $g=9.8[\mathrm{m/s^2}]$ として計算する．
(1) 2.0 秒後のボールの速度と地面からの高さをもとめてみよう．
(2) 地面に着くまでにかかる時間と，地面に着く直前の速度をもとめてみよう．

（解説）
(1) 鉛直下向きを正とすると，初速度 0 で加速度 g の等加速度運動であるので，

$$v = gt = 9.8 \cdot 2.0 = 19.6 \approx 20 [\mathrm{m/s}] \text{（鉛直下向き）}$$

$$x = \frac{1}{2}gt^2 = \frac{1}{2} \cdot 9.8 \cdot 2.0^2 = 19.6 \approx 20[\mathrm{m}] \text{（はじめの地点から 20[m] 落下）}$$

したがって，地面からの高さは，$122.5 - 19.6 = 102.9 \approx 103 [\mathrm{m}]$ である．

(2) 地面に着くまでの変位は，$x = 122.5[\mathrm{m}]$ である．これを公式②に代入して，$122.5 = \frac{1}{2} \cdot 9.8 \cdot t^2$．$t > 0$ より，$t = 5.0[\mathrm{s}]$ 後となる．また，そのときの速度は，$v = 9.8 \cdot 5.0 = 49[\mathrm{m/s}]$（鉛直下向き） となる．

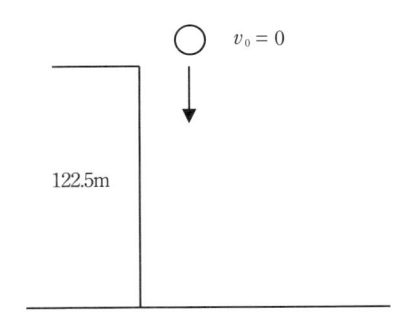

【ケース10】 高さ $86.4[\mathrm{m}]$ の建物の屋上からボールを初速度 $2.0[\mathrm{m/s}]$ で投げ下ろした．重力加速度を $g=9.8[\mathrm{m/s^2}]$ として計算する．
(1) 3.0 秒後のボールの速度と地面からの高さをもとめてみよう．
(2) 地面に着くまでにかかる時間と，地面に着く直前の速度をもとめてみよう．

（解説）
(1) 鉛直下向きを正とすると，初速度 $2.0[\mathrm{m/s}]$ で加速度 g の等加速度運動であるので，
$$v=v_0+gt=2.0+9.8\cdot3.0=31.4\approx31[\mathrm{m/s}]（鉛直下向き）$$
$$x=v_0t+\frac{1}{2}gt^2=2.0\cdot3.0+\frac{1}{2}\cdot9.8\cdot3.0^2=50.1\approx50[\mathrm{m}]$$
（はじめの地点から $50[\mathrm{m}]$ 落下）

したがって，地面からの高さは，$86.4-50.1=36.3\approx36[\mathrm{m}]$ である．

(2) 地面に着くまでの変位は，$x=86.4[\mathrm{m}]$ である．これを公式②に代入して，$86.4=2.0\cdot t+\frac{1}{2}\cdot9.8\cdot t^2$，$4.9\cdot t^2+2.0t-86.4=0$，$t>0$ より，$t=4.0[\mathrm{s}]$ 後となる．ここでは，2次方程式の解の公式を使った．

☆2次方程式の解の公式
$ax^2+bx+c=0(a\neq0)$ のとき，
$$x=\frac{-b\pm\sqrt{b^2-4ac}}{2a}$$

また，そのときの速度は，
$v(4.0)=2.0+9.8\cdot4.0=41.2\approx41[\mathrm{m/s}]（鉛直下向き）$
となる．

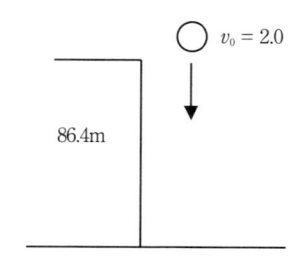

【ケース11】 高さ57.5[m]の建物の屋上から初速度13.0[m/s]でボールを投げ上げた．重力加速度を$g=9.8[m/s^2]$として計算する．
(1) 4.0秒後のボールの速度と地面からの高さをもとめてみよう．
(2) 地面に着くまでにかかる時間と，地面に着く直前の速度をもとめてみよう．

（解説）
(1) 鉛直下向きを正とすると，初速度$-13.0[m/s]$，加速度gの等加速度運動であるので，

$v = v_0 + gt = -13.0 + 9.8 \cdot 4.0 = 26.2 \approx 26 [m/s]$（鉛直下向き）

$x = v_0 t + \frac{1}{2}gt^2 = -13.0 \cdot 4.0 + \frac{1}{2} \cdot 9.8 \cdot 4.0^2 = 26.4 \approx 26 [m]$

（はじめの地点から26[m]落下）

したがって，地面からの高さは，$57.5 - 26.4 = 31.1 \approx 31 [m]$である．

(2) 地面に着くまでの変位は，$x = 57.5[m]$である．これを公式②に代入して，

$57.5 = -13.0t + \frac{1}{2} \cdot 9.8 \cdot t^2$．2次方程式の解の公式と，$t>0$より，$t=5.0[s]$後となる．また，そのときの速度は，$v = -13.0 + 9.8 \cdot 5.0 = 36 [m/s]$（鉛直下向き）となる．

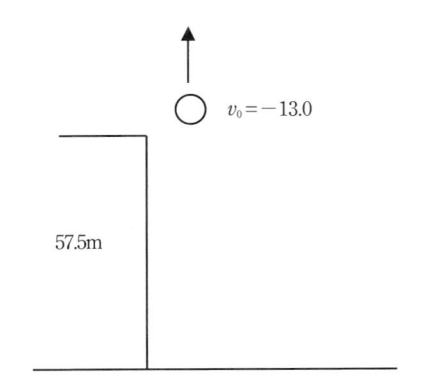

$v_0 = -13.0$

57.5m

運動の法則

●運動の法則

必要事項の整理をしておく．

- 運動量：$\vec{p} = m\vec{v}$　（質量×速度）
- 力：$\vec{F}$（力の単位は「ニュートン[N]」が使われる）．$1[\text{N}] = 1[\text{kgm/s}^2]$．
- 合力：$\vec{F} = \vec{F}_a + \vec{F}_b$

次に，運動の法則を示す．

> ☆運動の第1法則（慣性の法則・運動量保存則）
> - 慣性の法則：物体に力を作用させないかぎり，静止した物体は静止を続け，運動している物体は等速直線運動を続ける．
> - 運動量保存則：系全体の運動量は保存する．

まず，慣性の法則について説明する．静止した物体は，そのまま静止し続けるという法則は日常生活でも当たり前のように見られる現象である．止まっているものは押したり引いたりしないかぎり，そのまま止まったままである．また，平坦な道を自転車に乗って移動している時に，ペダルをこぐのをやめても，そのまま自転車はほとんど速度を落とすことなくまっすぐ進む．これが，「運動している物体は等速直線運動を続ける」ということである．もちろん，自転車の運動では，地面との摩擦や空気抵抗などの力が自転車に作用するので，そのうち自転車は止まってしまう．これらの力が作用しない理想的な状態では，慣性の法則が確認できるのである．

☆運動の第2法則
- 運動方程式：物体の加速度はそれに作用する力に比例し，その質量に反比例する．

$$m\vec{a}=\vec{F} \quad \left(m\frac{d^2\vec{x}}{dt^2}=\vec{F}\right)$$

力学において，最もよく使う法則である．まず，「運動方程式をたて」，「その微分方程式を解く」ことで物体の運動を記述するのである．

☆運動の第3法則
- 作用反作用の法則：物体Aから物体Bに作用する力があると，必ず物体Bから物体Aに反対方向に同じ大きさで作用する力が存在する．

運動方程式をたてる時に，物体に作用する力をすべて洗い出さなければならない．その時に，見えない力を見つけ出す大きな武器となるのがこの第3法則である．

【ケース12】 質量 4.0[kg]のボールが 10[N]の力で押されている．このときの物体の加速度をもとめてみよう．

（解説）
運動方程式 $ma=F$ に与えられた条件を代入して，
$$4.0a=10, \quad a=2.5[\text{m/s}^2]$$

【ケース13】 質量 2[kg]のボールが右向きに 10[N]，左向きに 6[N]の力を受けている．このときの物体の加速度をもとめてみよう．

（解説）
運動方程式 $ma=F$ の力 F は物体に作用する力の合力である．ボールに作用する合力は，右向きを正として，
$$10-6=4[\text{N}]$$
である．運動方程式 $ma=F$ に与えられた条件を代入して，
$$2a=4, \quad a=2[\text{m/s}^2]$$

【ケース14】 下図のように質量 $m_A = 4.0$ [kg]の物体Aに水平方向に20[N]の力が作用している．この物体Aが質量 $m_B = 6.0$ [kg]の物体Bを押している．床には摩擦がないとして，物体AとBの加速度（等しい）と物体Aが物体Bを押す力をもとめてみよう．

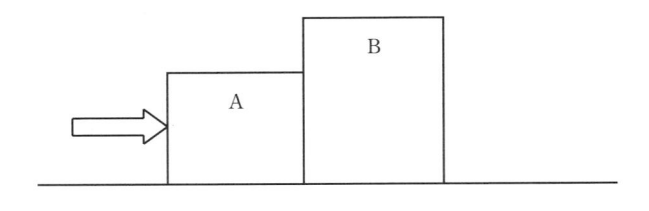

（解説）

物体Aと物体Bのそれぞれについて，運動方程式 $ma = F$ をたてる．右向きを正として，物体Aが物体Bを押す力の大きさを F（右向き）とおく．このとき，運動の第3法則である作用反作用の法則により，物体Bが物体Aを押す力の大きさも F（左向き）である．また，物体Aと物体Bの加速度は等しく，a とおく．

まず，物体Aについて運動方程式をたてる．物体Aに作用する合力は

$$20 - F \text{ [N]}$$

である．したがって，運動方程式は，

$$4.0a = 20 - F \quad \cdots (1)$$

物体Bに作用する力は右向きの F のみであるから，物体についての運動方程式は，

$$6.0a = F \quad \cdots (2)$$

である．(1), (2)の連立方程式を解くと，

$$a = 2.0 \text{ [m/s}^2\text{]}, \quad F = 12 \text{ [N]}$$

となる．

【ケース15】 下図のようになめらかな斜面上にある質量5.0[kg]の物体がロープで支えられていて静止している。ロープを引っ張る力は49.0[N]であり、斜面の角度は30°とする。また、斜面や滑車などの摩擦は無視できる。このとき、物体に働く重力、垂直抗力、物体の加速度の大きさをそれぞれもとめてみよう。重力加速度を$g=9.8[\text{m/s}^2]$, $\sqrt{3}=1.7$ とする.

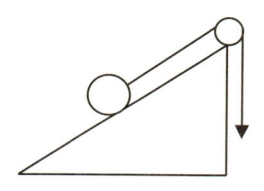

(解説)

物体に働く重力は，

$$mg = 5.0 \cdot 9.8 = 49[\text{N}]$$

である．この重力を斜面について分解すると(p.62を参照)，斜面に垂直方向の力は，斜面に下向きに，$49\cos 30° = 49 \times \dfrac{\sqrt{3}}{2} = \dfrac{49\sqrt{3}}{2} = 41.65 \approx 42[\text{N}]$ であり，斜面に平行方向の力は，斜面に下向きに，$49\sin 30° = 49 \times \dfrac{1}{2} = 24.5 \approx 25[\text{N}]$ である．

物体に対して作用する重力の斜面に垂直方向の力は，反対方向に同じ大きさで作用する斜面の垂直抗力と打ち消しあう(作用反作用の法則)．

したがって，垂直抗力は42[N]である．

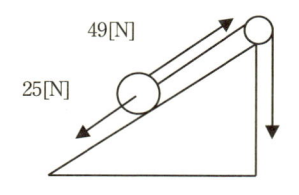

さて，物体が斜面を上昇する加速度は，斜面と平行な方向について，運動方程式をたててもとめる．物体にかかる合力は，$49.0-24.5=24.5 \approx 25[\mathrm{N}]$である．したがって，運動方程式は，$5.0a=25$となり，これを解いて，物体の加速度は　$a=5.0[\mathrm{m/s^2}]$となる．

● 物体に作用する力がわかれば物体の運動がわかる！

物体の運動を原因と結果という観点から考えると，

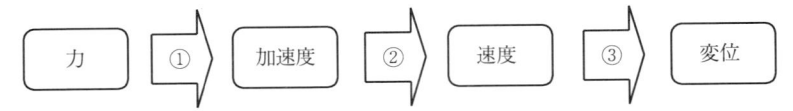

力 → ① → 加速度 → ② → 速度 → ③ → 変位

という順に生じる．各段階で必要な公式を整理してみた（簡単のため1次元で考える）．

① $ma(t)=F(t)$

② $v(t)=v_0+\int_0^t a(t')dt'$　∴　$a(t)=\dfrac{dv(t)}{dt}$

（等加速度直線運動の場合は，$v(t)=v_0+at$）

③ $x(t)=x(0)+\int_0^t vdt'$　∴　$v(t)=\dfrac{dx(t)}{dt}$

（等加速度直線運動の場合は，$x(t)=v_0t+\dfrac{1}{2}at^2$）

$x(t)$をもとめることを「物体の運動を解く」という．②と③は積分という作業なので，特に頭は使わない（全く数学的に解くという意味）．①の運動方程式をたてることが最も物理を考えなくてはいけないところである．物体の状況を完全に把握し，自分で一から運動方程式を組み立てる．力学では運動を解くにあたって，運動方程式をたてることが最も重要であると考えてもよいだろう．ただし，この後に学ぶ「解析力学」は，この運動方程式をたてることも全く「数学的に（機械的に）」済ませてしまおうとする学問である．

それでは，これまでのケースで解説してきたことと重なるケースもあるが，再度，力学の問題を系統的に考えていこう．

【ケース16】 下図のようになめらかな平面上に質量5[kg]の物体が静止して置かれている．この物体を右方向に10[N]の力で押し続ける．t[s]後の物体の速度と変位を積分を使ってもとめてみよう．

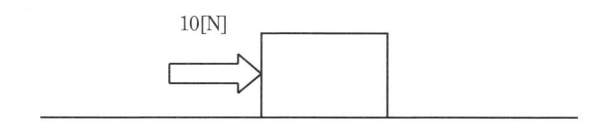

(解説)

運動方程式 $ma=F$ のたて方を整理しておく．

☆運動方程式のたて方
(1) 物体にかかる全ての力を書き出す．
(2) これらの力の合力をもとめる．
(3) $ma=F$ にあてはめる．

① 今回のケースは，力が1つなので合力をもとめる必要がない(重力は垂直抗力とつりあう)．運動方程式は，$5a=10$ となり，これを解いて，加速度は，$a=2$[m/s²]となる．

② 加速度から速度をもとめる．$v_0=0$ より，
$$v(t) = 0 + \int_0^t 2 dt' = 2t$$
右方向に $2t$[m/s]である．

③ 速度から変位をもとめる．$x(0)=0$ より，
$$x(t) = 0 + \int_0^t 2t' dt' = t^2$$
変位は t^2[m]となる．これで，物体の運動は解けた．

【ケース17】 下図のようになめらかな 30° の斜面上に質量 2[kg] の物体を静止した状態でおいた．t[s]後の物体の速度と変位を積分を使ってもとめてみよう．重力加速度を，g[m/s²]とする．

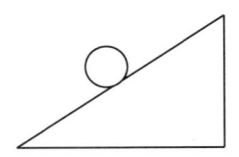

（解説）
① 物体に作用する力を整理する．

(a) 重力の斜面垂直成分 $\left(mg\cos 30° = 2g \cdot \dfrac{\sqrt{3}}{2} = \sqrt{3}\,g\,[\mathrm{N}]\right)$

(b) 重力の斜面水平成分 $\left(mg\sin 30° = 2g \cdot \dfrac{1}{2} = g\,[\mathrm{N}]\right)$

(c) 垂直抗力(重力の斜面垂直成分と等しい．$\sqrt{3}g$[N])

(a)と(c)は打ち消しあって，残った力は(b)のみとなる．運動方程式は，$2a = g$ となり，これを解いて，加速度は，$a = \dfrac{1}{2}g$[m/s²]となる．

② 加速度から速度をもとめる．
$$v(t) = 0 + \int_0^t \frac{1}{2}g\,dt' = \frac{1}{2}gt$$

速度は斜面の下方向に $\dfrac{1}{2}gt$[m/s]である．

③ 速度から変位をもとめる．
$$x(t) = 0 + \int_0^t \frac{1}{2}gt'\,dt' = \frac{1}{4}gt^2$$

t[s]後の変位は $\dfrac{1}{4}gt^2$[m]となる．これで，物体の運動は解けた．

【ケース18】 下図のようになめらかな平面上に質量 2[kg] の物体が静止しておかれている．この物体を右方向に $4t$[N] の力で押し続ける．t[s]後の物体の速度と変位を積分を使ってもとめてみよう．

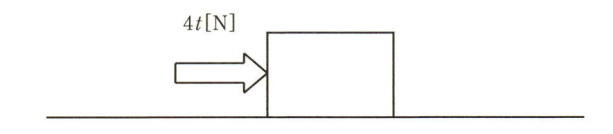

(解説)
① 物体に作用する力を整理する．
$$F = 4t [\text{N}] \text{のみ}$$
運動方程式に代入して，$2a = 4t$，$a = 2t$ となる．

② 加速度から速度をもとめる．
$$v(t) = 0 + \int_0^t 2t' dt' = t^2$$

③ 速度から変位をもとめる．
$$x(t) = 0 + \int_0^t t'^2 dt' = \frac{1}{3} t^3$$

これで，物体の運動は解けた．

【ケース19】 下図のようになめらかな平面上に糸でつながれた質量がそれぞれ $m_A=2$[kg]，$m_B=3$[kg]の物体A，Bが静止した状態でおかれている．物体Bを10[N]の力で引っ張ったとき，糸の張力T，物体Aの2[s]後の速度と変位を積分を使ってもとめてみよう．

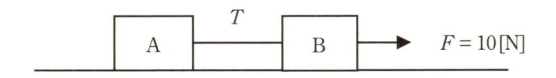

（解説）

右方向を正とする．また，物体A，Bの加速度，速度，変位は等しく，それぞれ a, $v(t)$, $x(t)$ とする．

① 物体A，Bについてそれぞれ運動方程式をたてる．

まず，物体Aに作用する力は T[N]のみであるから，運動方程式は，

$$2a = T \quad \cdots (1)$$

となる．物体Bに作用する合力は，$10-T$[N]であるから，運動方程式は，

$$3a = 10 - T \quad \cdots (2)$$

(1), (2)の連立方程式を解いて，加速度は，$a=2$[m/s²]（$T=4$[N]）となる．

② 加速度から速度をもとめる．

$$v(t) = 0 + \int_0^t 2 dt' = 2t$$

である．したがって，$v(2)=4$[m/s]．

③ 速度から変位をもとめる．

$$x(t) = 0 + \int_0^t 2t dt' = t^2$$

である．したがって，$x(2)=4$[m]が得られる．

【ケース20】 下図のようになめらかな斜面上に糸でつながれた質量 $m_A=5.0$[kg]の物体Aが斜面に静止した状態でおかれ，質量 $m_B=2.0$[kg]の物体Bが静止した状態で糸にぶら下げられている．斜面の角度は30°である．このとき，糸の張力 T，4.0[s]後の物体Aの速度と変位をそれぞれもとめてみよう．ここで，重力加速度を $g=9.8$[m/s²] とする．

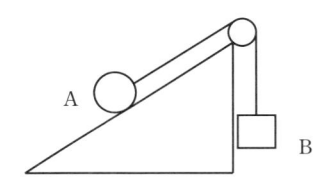

(解説)

物体Aについて斜面下方を正，物体Bについて鉛直上方を正とする．そうすると，物体A，Bの加速度，速度，変位は等しく，それぞれ a，$v(t)$，$x(t)$ とおける．

① 物体A，Bについてそれぞれ運動方程式をたてる．

まず，物体Aに作用する力は糸の張力 T[N]と重力 $m_A g$[N]，垂直抗力である．重力を斜面に垂直方向 $m_A g\cos\theta$ と平行方向 $m_A g\sin\theta$ に分解すると，垂直方向は斜面から受ける垂直抗力と打ち消しあうので，斜面に平行方向のみが残る．したがって，物体Aに作用する合力は，

$$m_A g\sin\theta - T = 5.0\cdot 9.8\cdot\frac{1}{2} - T = 24.5 - T$$

である．運動方程式は，

$$5.0a = 24.5 - T \quad \cdots(1)$$

となる．物体Bに作用する力は，糸の張力 T[N]と重力で $m_B g$[N]である．合力は，$T - m_B g = T - 2.0\cdot 9.8$ であるから，運動方程式は，

$$2.0a = T - 19.6 \quad \cdots(2)$$

(1), (2)の連立方程式を解いて，加速度は，$a=0.70$[m/s²]（$T=21$[N]）となる．

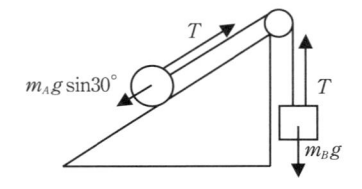

②加速度から速度をもとめる．
$$v(t) = 0 + \int_0^t 0.70 \, dt' = 0.70t$$

である．したがって，$v(4.0) = 0.70 \cdot 4.0 = 2.8 [\mathrm{m/s}]$．

③速度から変位をもとめる．
$$x(t) = 0 + \int_0^t 0.70 t' \, dt' = 0.35 t^2$$

である．したがって，$x(4.0) = 0.35 \cdot 4.0^2 = 5.6 [\mathrm{m}]$．

さまざまな運動

●放物運動

　放物運動はその運動を2方向,
(1)　鉛直方向の運動(y成分とする)
(2)　水平方向の運動(x成分とする)
とに分けて考えると理解しやすい．
　それでは，それぞれについて説明していこう．
(1)　鉛直方向の運動

　重力加速度による加速度 $a=-g$ の等加速度直線運動をする．この章では，鉛直上方向を正として考える(前章までは鉛直下方向を正とした)．

　等加速度運動の公式より(p.99),

> ☆鉛直成分の等加速度直線運動(鉛直上方向を正とする)
> ①　　$v_y(t) = v_{0y} - gt$
> ②　　$y(t) = v_{0y}t - \dfrac{1}{2}gt^2$

ここで，横方向(x方向)の速度が0のとき,

$$\begin{cases} v_{0y} = 0 & \cdots 自由落下 \\ v_{0y} > 0 & \cdots 鉛直投げ上げ \\ v_{0y} < 0 & \cdots 鉛直投げ下ろし \end{cases}$$

である．

(2)　水平方向の運動

　水平方向には重力は作用しないので等速直線運動になる．
等加速度運動の公式(p.99)で，加速度 $a=0$ として,

☆水平成分の等速直線運動
① $v_0(t) = v_{0x}$ （定数）
② $x(t) = v_{0x}t$

(1),(2)より鉛直方向,水平方向それぞれの運動を考え,最終的に出てきた結果を各方向で合成することで,本来の速度,変位をもとめることができるのである(ベクトルの合成).

初速度 v_0 については,水平方向からの角度 θ で物体を投げ上げた場合,鉛直方向と水平方向に分解する.

$$\begin{cases} 鉛直方向の初速度 & v_{0y} = v_0\sin\theta \\ 水平方向の初速度 & v_{0x} = v_0\cos\theta \end{cases}$$

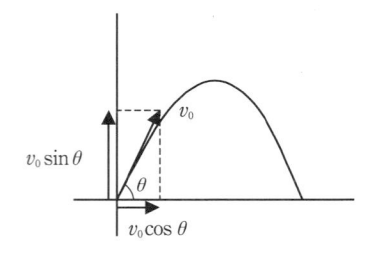

【ケース21】 地上のある地点から,水平方向から上方に $60°$ の方向に,初速度 $30[\mathrm{m/s}]$ でボールを投げ上げた.ここで,重力加速度を $9.8[\mathrm{m/s^2}]$,$\sqrt{3}=1.7$ とする.
(1) 初速度の水平成分と鉛直成分をもとめてみよう.
(2) ボールが地面に落ちた地点はボールを投げた地点から何 m はなれているかもとめてみよう.

(解説)
(1) 右図のように初速度を分解すると,
鉛直成分は,
$$v_{0y} = v_0\sin 60° = 30 \cdot \frac{1.7}{2} = 25.5 \approx 26[\mathrm{m/s}]$$
水平成分は,
$$v_{0x} = v_0\cos 60° = 30 \cdot \frac{1}{2} = 15[\mathrm{m/s}]$$

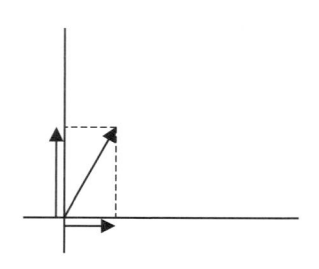

(2) まず，ボールが落ちるまでの時間をもとめる．

ボールの落下は鉛直方向の運動なので，鉛直方向の運動に注目する．鉛直上向きを正として，鉛直方向の変位を表す式は，

$$y(t) = v_{0y}t - \frac{1}{2}gt^2$$
$$= 25.5t - 4.9t^2$$

ボールが地面に落下したときの鉛直方向の変位は0なので，

$0 = 25.5t - 4.9t^2$, $4.9t^2 - 25.5t = 0$, $t(4.9t - 25.5) = 0$

$t > 0$ より，$t \approx 5.2$ である．つまり，約5.2秒後に地面に落下する．この間，水平方向において，速度15[m/s]で等速直線運動を続けるから，水平移動距離は，$x = 15 \cdot 5.2 = 78$[m] である．

●円運動

ここで，速さと加速度について，もう一度確認しておこう．

- 速度 …速さとその方向(ベクトル)
- 加速度…単位時間あたりの速度の変化量．つまり，速さ，または，方向の変化．(ベクトル)

(1) 角速度

角速度とは円周上の位置を角度 θ で表したときの時間変化の割合である．

$$(\text{角速度}) \quad \omega = \frac{d\theta}{dt}$$

角速度が一定の円運動を特に，「等速円運動」という．

$$(\text{角速度}) \quad \omega = (\text{一定})$$

このとき，$\theta = \omega t$ である．

等速円運動では，速度の大きさ，つまり，「速さ」は一定であるが，速さの方向は変化しているため，速度が変化する．この<u>速度の変化</u>のため，等速円運動は，加速度運動である．

ところで，角速度の単位は，「rad/s」である．1rad = $(180/\pi)°$．

(2) 等速円運動における速さ

　等速円運動の速さは円周上の接線方向の速さである．角に対して $2\pi[\mathrm{rad}]$ 運動することと，円周上を一周することは同じことであるので，円の半径を r として，一周にかかる時間は，

$$t = \frac{2\pi}{\omega}$$

である．その間に進む距離は，

$$vt = v \cdot \frac{2\pi}{\omega}$$

これが，円周(一周)である $2\pi r$ に等しいから，

$$\frac{2\pi v}{\omega} = 2\pi r, \quad \frac{v}{\omega} = r$$

したがって，

$$v = r\omega$$

となる．また，円運動の速度を x，y 成分で書き表すと次のようになる．

$$\vec{v} = (-v\sin\theta)\vec{e}_x + (v\cos\theta)\vec{e}_y$$

$$= \left(\frac{dx}{dt}, \frac{dy}{dt}\right) = (-v\sin\theta, v\cos\theta) = (-v\sin\omega t, v\cos\omega t)$$

(3) 等速円運動における周期

円運動では同じ円周上を回っているので，一周して同じ場所に戻ってくる．この一周するのに必要な時間が周期 T である．つまり，角速度 ω で 2π だけ進むのにかかる時間なのである．

$$\text{（周期）} \quad T = \frac{2\pi}{\omega}$$

(4) 等速円運動における加速度

等速円運動では，速度の大きさである「速さ」は変化しないが「向き」が変化するため，加速度運動であると述べた．この加速度は，

$$\vec{a} = \frac{d\vec{v}}{dt}$$

と表されるので，$\vec{v}$ の時間変化を考える．$\sin\theta = y/r$，$\cos\theta = x/r$ であるので，

$$\begin{aligned}
\vec{a} = \frac{d\vec{v}}{dt} &= \frac{d}{dt}\{(-v\sin\theta)\vec{e}_x + (v\cos\theta)\vec{e}_y\} \\
&= \frac{d}{dt}\left\{\left(-v\cdot\frac{y}{r}\right)\vec{e}_x + \left(v\cdot\frac{x}{r}\right)\vec{e}_y\right\} \\
&= \left(-\frac{v}{r}\cdot\frac{dy}{dt}\right)\vec{e}_x + \left(\frac{v}{r}\cdot\frac{dx}{dt}\right)\vec{e}_y \\
&= \left(-\frac{v}{r}\cdot v\cos\theta\right)\vec{e}_x + \left(-\frac{v}{r}\cdot v\sin\theta\right)\vec{e}_y \\
&= \left(-\frac{v^2}{r}\cos\theta\right)\vec{e}_x + \left(-\frac{v^2}{r}\sin\theta\right)\vec{e}_y \\
&= \left(-\frac{v^2}{r}\cos\theta,\ -\frac{v^2}{r}\sin\theta\right) \\
&= \left(-\frac{v^2}{r}\cos\omega t,\ -\frac{v^2}{r}\sin\omega t\right)
\end{aligned}$$

$$\therefore \left(\frac{dx}{dt},\ \frac{dy}{dt}\right) = (-v\sin\theta,\ v\cos\theta)$$

したがって，

$$|\vec{a}| = a = \sqrt{a_x^2 + a_y^2} = \frac{v^2}{r} = r\omega^2$$

である．向きは，円の中心を向く方向になっている．この加速度を「向心加速度」，向心加速度を作り出す力を「向心力」という．このとき円運動している観

測者が感じるのが「遠心力」であり，向心力と同じ大きさで反対向きになっている．

☆等速円運動のまとめ

(速さ)　$v=|\vec{v}|=r\omega$，(速度)　$\vec{v}=(-r\omega\sin\omega t, r\omega\cos\omega t)$

(加速度の大きさ)　$a=|\vec{a}|=r\omega^2$,

(加速度)　$\vec{a}=(-r\omega^2\cos\omega t, -r\omega^2\sin\omega t)$

(周期)　$T=\dfrac{2\pi}{\omega}$

【ケース22】　半径 10[m] の円周上を等速円運動する物体が5周するのに 40[s] かかった．円運動の角速度，速さ，加速度の大きさをもとめてみよう．

(解説)

角速度は，単位時間あたりの角度の変化であるから，

$$\omega=\frac{2\pi\cdot 5}{40}=\frac{\pi}{4}[\text{rad/s}]$$

である．「等速円運動のまとめ」より，

$$v=r\omega=10\cdot\frac{\pi}{4}=\frac{5}{2}\pi[\text{m/s}]$$

$$a=r\omega^2=10\cdot\left(\frac{\pi}{4}\right)^2=\frac{5}{8}\pi^2[\text{m/s}^2]$$

である．

仕事とエネルギー・摩擦

●仕事・仕事率

(1) 仕事

　仕事の定義を説明しよう．一定の大きさの力Fを物体に作用し続けて，力の方向に物体をx動かしたときの物体の受けた仕事をWとすると，

$$（仕事）\quad W = Fx$$

である．つまり，大ざっぱに言うと，仕事とは，「（力）×（移動距離）」である．正確には，「（物体の移動方向に有効な力の成分）×（移動距離）」である．つまり，力と移動距離の方向も考えると，一定の力$\vec{F}$，物体の変位$\vec{x}$とベクトルで表されるから，仕事は，$\vec{F}$と$\vec{x}$との内積で計算される．

$$W = \vec{F} \cdot \vec{x} = |F| \cdot |x| \cos\theta$$

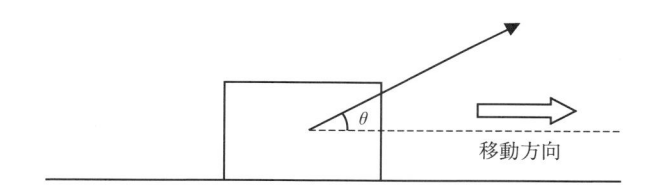

力$\vec{F}$が変化する場合に拡張して考えると，変位$\vec{x_1}$から$\vec{x_2}$までに力$\vec{F}$が物体になす仕事は，

$$W = \int_{\vec{x_1}}^{\vec{x_2}} \vec{F} \cdot d\vec{x}$$

で定義される．仕事の単位は「ジュール[J]」であり，
$1[\mathrm{J}] = 1[\mathrm{Nm}] = 1[\mathrm{kgm^2/s^2}]$．これはエネルギーの単位と同じであり，よく知られたエネルギーの単位カロリー[cal]とは$1[\mathrm{J}] = 0.24[\mathrm{cal}]$の関係がある．

(2) 仕事率

仕事率とは「単位時間あたりの仕事」であり，次のように定義される．

$$（仕事率）\quad P=\frac{dW}{dt}$$

仕事が一定の場合はより簡単に，

$$（仕事率）\quad P=\frac{W}{t}$$

である．仕事率の単位は「ワット[W]」であり 1[W]＝1[J/s]である．

【ケース23】 摩擦のない床に置かれた物体を，下図のように 10[N]の力で水平方向に引っ張ると，物体は力と同方向に 3.0[s]間で 15[m]動いた．物体になされた仕事と仕事率をもとめてみよう．

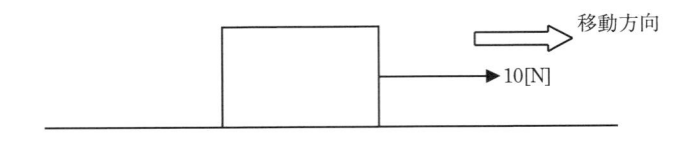

（解説）

　もとめる仕事は，$W=Fx=10\cdot15=150$[J]，

　仕事率は，$\dfrac{W}{t}=\dfrac{150}{3.0}=50$[W]である．

【ケース24】 摩擦のない床に置かれた物体を，下図のように 8.0[N] の力で水平方向と 60° の方向に引っ張ると，物体は力と水平方向に 5.0[s] 間で 20[m] 動いた．物体になされた仕事と仕事率をもとめてみよう．

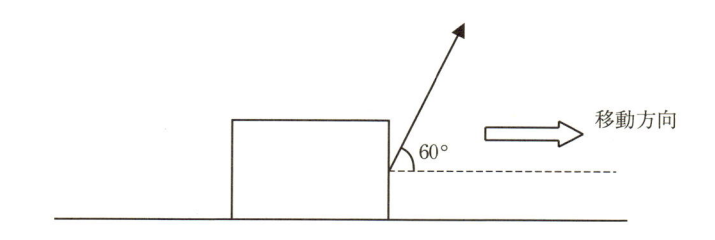

(解説)

もとめる仕事は，

$$W = \vec{F} \cdot \vec{x} = |F| \cdot |x| \cos 60° = 8.0 \cdot 20 \cdot \frac{1}{2} = 80 [J],$$

仕事率は，$\dfrac{W}{t} = \dfrac{80}{5.0} = 16 [W]$ である．

【ケース25】 摩擦のない床に置かれた物体を，下図のように力 $\vec{F}$ で水平方向に引っ張った．力の大きさと変位の時間変化は，

$$F(t) = t$$

$$x(t) = \frac{1}{12} t^3$$

である．はじめの 2[s] 間になされた仕事と 2[s] 後の瞬間の仕事率をもとめてみよう．

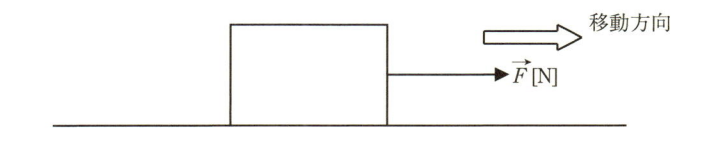

（解説）

もとめる仕事は，
$$W(t)=\int_0^{\vec{x}}\vec{F}\cdot d\vec{x}=\int_0^{x(t)}F(t')\cdot dx=\int_0^t F(t')\cdot\frac{dx}{dt'}dt'$$
$$=\int_0^t t'\cdot\frac{1}{4}t'^2 dt'=\left[\frac{1}{16}t'^4\right]_0^t=\frac{1}{16}t^4[\mathrm{J}]$$

2[s]間の仕事は，
$$W(2)=\frac{1}{2^4}\cdot 2^4=1[\mathrm{J}]$$

である．また，仕事率は，$P(t)=\dfrac{dW}{dt}=\dfrac{1}{4}t^3$ で，2[s]後の瞬間の仕事率は，
$$P(2)=\frac{dW}{dt}=\frac{1}{4}\cdot 2^3=2[\mathrm{W}]$$

である．

◉エネルギー

(1) 運動エネルギー T

運動エネルギー T とは「運動する物体の持つエネルギー」のことである．速さ v である物体の運動エネルギーは，物体を速さ 0 から v まで加速したときの仕事と等しい．したがって，単位は「ジュール[J]」である．

$$T=\int_{\vec{x}_1}^{\vec{x}_2}\vec{F}\cdot d\vec{x}=\int_{\vec{x}_1}^{\vec{x}_2}m\vec{a}\cdot d\vec{x}=\int_{\vec{x}_1}^{\vec{x}_2}m\frac{d\vec{v}}{dt}\cdot d\vec{x}=\int_0^{\vec{v}}m\frac{d\vec{x}}{dt}\cdot d\vec{v}=m\int_0^{\vec{v}}\vec{v}\cdot d\vec{v}$$
$$=\frac{1}{2}m\vec{v}^2=\frac{1}{2}mv^2$$

ここで，$v=|\vec{v}|$ である．

(2) 位置エネルギー V

位置エネルギー V（ポテンシャルエネルギー，単にポテンシャルともいう）とは重力やばねの復元力などの「力に関連したエネルギー」のこと．力を加えないで放置すると一番安定な状態（基底状態）まで戻す力が働いている系が持つエネルギーのことであり，基準に取った位置とのエネルギー差で表される．経路によらず最初と最後の位置のみでエネルギーが決まるという特徴がある．

例．位置エネルギーの例

高さによる近似的な位置エネルギー　　mgh（h は高さを表す）

ばねによる位置エネルギー　　$\dfrac{1}{2}kx^2$（k はばね定数を表す）

重力による位置エネルギー　　$-G\dfrac{m_1 m_2}{r}$

（G は重力定数，m_1, m_2 は 2 つの物体の質量，r は 2 つの物体間の距離を表す）

(3) 力学的エネルギー保存則

運動エネルギー T と位置エネルギー V の和である力学的エネルギー $E = T + V$ は保存される．

$$E = T + V = (一定)$$

☆エネルギーの公式まとめ

・運動エネルギー　　$T = \dfrac{1}{2}mv^2$

・高さによる近似的な位置エネルギー　　$V = mgh$

・ばねによる位置エネルギー　　$V = \dfrac{1}{2}kx^2$

・重力による位置エネルギー　　$V = -G\dfrac{m_1 m_2}{r}$

【ケース26】　地面からの高さ 10 [m] の地点で質量 2.0 [kg] のボールが速さ 4.0 [m/s] で運動している．この物体の運動エネルギー T，高さによる位置エネルギー V，力学的エネルギー E をもとめてみよう．重力加速度を $g = 9.8 \,[\text{m/s}^2]$ とする．

（解説）

すべて，公式どおり．

運動エネルギーは，$T = \dfrac{1}{2}mv^2 = \dfrac{1}{2} \cdot 2.0 \cdot 4.0^2 = 16 \,[\text{J}]$

位置エネルギーは，$V = mgh = 2.0 \cdot 9.8 \cdot 10 = 196 \approx 200 \,[\text{J}]$

力学的エネルギーは，$E = T + V = 16 + 196 = 212 \approx 210 \,[\text{J}]$

である．

【ケース27】 下図のように地面から高さ 3.0[m] の地点で質量 2.0[kg] のボールが速さ 5.0[m/s] で運動している．なめらかな斜面を地面まで転がり落ちた時の物体の運動エネルギーと速さをもとめてみよう．重力加速度を $g=9.8[\text{m/s}^2]$ とする．

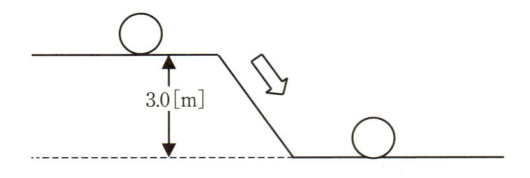

(解説)

はじめの物体の運動エネルギー T_0 と位置エネルギー V_0，力学的エネルギー E はそれぞれ，

$$T_0 = \frac{1}{2}mv_0^2 = \frac{1}{2} \cdot 2.0 \cdot 5.0^2 = 25 [\text{J}]$$

$$V_0 = mgh_0 = 2.0 \cdot 9.8 \cdot 3.0 = 58.8 \approx 59 [\text{J}]$$

$$E = T + V = 25 + 59 = 84 [\text{J}]$$

地面に落ちたときも，力学的エネルギー保存則より，力学的エネルギーは変化せず，84[J]のままである．このときのポテンシャルは 0[J] なので，運動エネルギーが 84[J] となる．（∵ $E = T_1 + V_1$，$84 = T_1 + 0$，$T_1 = 84$）

よって，$T = \frac{1}{2}mv^2$ に代入して，

$84 = \frac{1}{2} \cdot 2 \cdot v_1^2$，$v_1^2 = 84$．$v_1 > 0$ より，$v_1 \approx 9.16 \approx 9.2 [\text{m/s}]$ である．

【ケース28】 地面から質量 2.0[kg] のボールを初速度 28[m/s] で鉛直上方に投げ上げた．重力加速度を $g=9.8[\text{m/s}^2]$ とする．
(1) 投げ上げた瞬間のボールの運動エネルギー T_0, 位置エネルギー V_0, 力学的エネルギー E_0 をもとめてみよう．
(2) 地上から 5.0[m] の高さにおけるボールの運動エネルギー T_1, 位置エネルギー V_1, 力学的エネルギー E_1 をもとめてみよう．
(3) 最高点における運動エネルギー T_2, 位置エネルギー V_2, 力学的エネルギー E_2 をもとめてみよう．
(4) 最高到達点の高さをもとめてみよう．

(解説)
(1) はじめの物体の運動エネルギー T_0 と位置エネルギー V_0, 力学的エネルギー E_0 はそれぞれ，
$$T_0 = \frac{1}{2}mv_0^2 = \frac{1}{2} \cdot 2.0 \cdot 28^2 = 784 \approx 780 [\text{J}]$$
$$V_0 = mgh_0 = 2.0 \cdot 9.8 \cdot 0 = 0 [\text{J}]$$
$$E_0 = T_0 + V_0 = 784 + 0 = 784 \approx 780 [\text{J}]$$

(2) 高さ 5.0[m] の地点の物体の位置エネルギー V_1 は，
$$V_1 = mgh_1 = 2.0 \cdot 9.8 \cdot 5.0 = 98 [\text{J}]$$
である．力学的エネルギー保存則より，力学的エネルギーは変化しないから，$E_1 = 780[\text{J}]$ のままである．運動エネルギー T_1 は $E_1 = T_1 + V_1$ より，
$$780 = T_1 + 98, \quad T_1 = 682 \approx 680 [\text{J}]$$
となる．

(3) 最高点ではボールの速度が 0 であるので，運動エネルギー T_2 は，
$$T_2 = \frac{1}{2}mv_2^2 = \frac{1}{2} \cdot 2.0 \cdot 0 = 0 [\text{J}]$$
である．力学的エネルギー保存則より，力学的エネルギーは変化しないから，$E_2 = 780[\text{J}]$ のままである．位置エネルギー V_2 は $E_2 = T_2 + V_2$ より，$780 = 0 + V_2$, $V_2 = 780[\text{J}]$ となる．

(4) $V_2 = mgh_2$ に与えられた数値を代入して，
$$780 = 2.0 \cdot 9.8 \cdot h_2, \quad h_2 = 39.7 \approx 40 [\text{m}]$$

となる．

● 摩　擦
(1) 摩擦力
　摩擦力とは「運動しようとする方向と反対向きに働き，接面の垂直抗力に比例する力」のことをいう．2種類の摩擦力があり，「静止摩擦力」，「運動摩擦力」と呼ばれている．

(2) 静止摩擦力
　平面上に静止した物体を平面と平行に動かそうとして力 $\vec{F}$ を作用させた時，物体が動かない時には，力 $\vec{F}$ と静止摩擦力 $\vec{f}_s$ がつりあっている．つまり，$\vec{F}$ と $\vec{f}_s$ とは大きさが等しく，向きが反対である．$\vec{f}_s$ の大きさ f_s の最大値は以下の式で与えられる．

$$\text{最大静止摩擦力} \quad f_{s,\max} = \mu_s N$$

ここで，μ_s は静止摩擦係数であり，N は平面が物体に与える垂直抗力の大きさである．$F > f_{s,\max}$ になって初めて，物体は運動を始めるのである．

(3) 運動摩擦力
　物体が運動している時は，最大静止摩擦力よりも小さな摩擦しか受けない．運動摩擦力 $\vec{f}_k$ の大きさ f_k は以下の式で与えられる．

$$\text{動摩擦力} \quad f_k = \mu_k N$$

ここで，μ_k は動摩擦係数である．このように摩擦の働いているときの運動方程式は，

$$ma = F - f_k$$

のようになる．

力学入門編　129

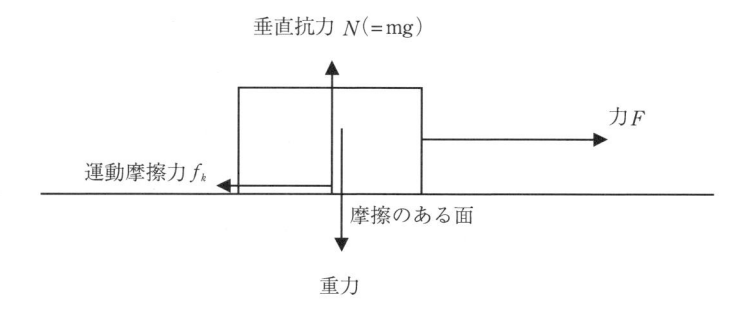

垂直抗力 $N(=mg)$
力 F
運動摩擦力 f_k
摩擦のある面
重力

(4) 摩擦によって失われた力学的エネルギー

摩擦によって力学的エネルギーは失われる．つまり，摩擦が生じる現象では，力学的エネルギー保存則は成り立たない．この力学的エネルギーは「熱エネルギー」や「音のエネルギー」に変化するのである．これらのエネルギーも含んで，すべてのエネルギーの和は，常に，一定である（エネルギー保存則）．

【ケース29】 下図のように質量 2.0[kg] の静止した物体を 10.0[N] の力で引っ張った．床と物体の間の静止摩擦係数と動摩擦係数はそれぞれ $\mu_s = 0.40$，$\mu_k = 0.20$ である．物体が動き出すのに最低必要な力，10.0[N] の力で引っ張ったときの物体に生じる加速度，物体が 5.0[s] 間に動く距離をもとめてみよう．重力加速度を $g = 9.8 [\text{m/s}^2]$ とする．

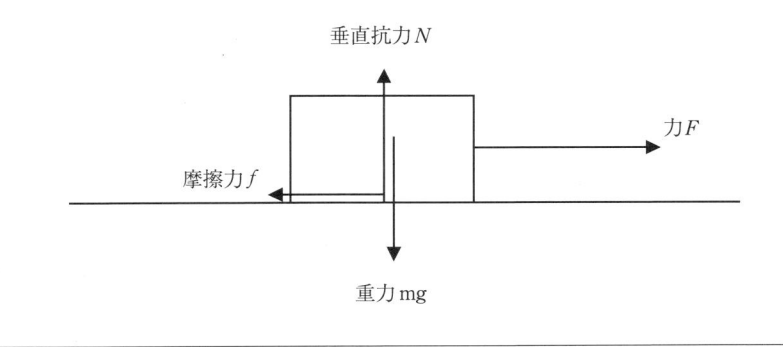

垂直抗力 N
力 F
摩擦力 f
重力 mg

（解説）

床が物体を押す垂直抗力の大きさは重力に等しいから（作用・反作用の法則），
$$N = mg = 2.0 \cdot 9.8 = 19.6 \approx 20 [\text{N}]$$

である．よって，最大静止摩擦力は，
$$f_{s,\max} = \mu_s N = 0.40 \cdot 19.6 = 7.84 \approx 7.8 [\text{N}]$$
となる．したがって物体が動き出すのに最低必要な力は7.8[N]．また，動摩擦力は，
$$f_k = \mu_k N = 0.20 \cdot 19.6 = 3.92 \approx 3.9 [\text{N}]$$
となる．水平方向に作用する力は，
$$F - f_k = 10 - 3.9 = 6.1$$
である．よって，運動方程式は，$ma = F - f_k$，$2.0a = 6.1$ となり，これを解いて，$a = 3.05 \approx 3.1 [\text{m/s}^2]$である．

物体が5.0[s]間に動いた距離は，変位の公式 $x = v_0 t + \frac{1}{2} a t^2$ に代入して，
$$x = 0 \cdot 5.0 + \frac{1}{2} \cdot 3.05 \cdot 5.0^2 = 38.125 \approx 38 [\text{m}]$$
となる．

【ケース30】 下図のように質量 4.0[kg]の物体が 30°の斜面に手で抑えられて静止している．斜面と物体の間の動摩擦係数は $\mu_k = 0.50$ である．手をはなしたとき，物体に生じる加速度と物体が2.0[s]間に動く距離をもとめてみよう．ここでは，重力加速度を $g = 9.8 [\text{m/s}^2]$，$\sqrt{3} = 1.7$ として計算する．

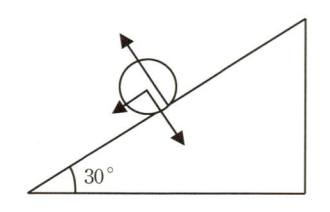

(解説)
　重力を斜面と平行方向と垂直方向に分解すると，それぞれ，

平行方向　　$mg \sin 30° = 4.0 \cdot 9.8 \cdot \frac{1}{2} = 19.6 \approx 20 [\text{N}]$

垂直方向　　$mg \cos 30° = 4.0 \cdot 9.8 \cdot \frac{\sqrt{3}}{2} = 33.32 \approx 33 [\text{N}]$

斜面が物体を押す垂直抗力の大きさは重力の斜面垂直成分に等しいから「作

用・反作用の法則」によって，これらは打ち消しあう．また，摩擦力は，
$$f_k = \mu_k N = 0.50 \cdot 33.32 = 16.66 \approx 17$$
となる．斜面平行方向にのみ力が残り，その大きさは，斜面下向きに，
$$mg\sin 30° - f_k = 19.6 - 16.66 = 2.94 \approx 2.9 [\mathrm{N}]$$
である．よって，運動方程式は，$ma = mg\sin 30° - f_k$，$4.0a = 2.94$ となる．これを解いて，$a = 0.735 \approx 0.74 [\mathrm{m/s^2}]$ である．物体が $2.0[\mathrm{s}]$ 間に動いた距離は，変位の公式 $x = v_0 t + \frac{1}{2}at^2$ に代入して，
$$x = 0 \cdot 2.0 + \frac{1}{2} \cdot 0.735 \cdot 2.0^2 = 1.47 \approx 1.5 [\mathrm{m}]$$
となる．

● ば　ね

(1) ばねの力

ばねの力 $\vec{F}$ は，ばねが自然長にあるときの位置から自由端の変位 $\vec{x}$ に比例する大きさで，向きは自由端の変位と反対方向のベクトルである．ここで，自然長とは，ばねが伸びても縮んでもいない状態の長さのことである．したがって，ばねの力は次の式のようになる（フックの法則）．
$$\vec{F} = -k\vec{x} \quad (1次元の場合は，F = -kx)$$
ここで，定数 $k [\mathrm{N/m}]$ は「ばね定数」と呼ばれ，ばねの堅さを表す．k が大きいばねほど堅く，同じ変位量を与えるのに大きな力が必要である．

(2) ばねにたくわえられるエネルギー（位置エネルギー）

ばねに力を作用させると，ばねにエネルギーがたくわえられる（位置エネルギー）．下図のばねにおいて，伸び（変位）が 0 から x になるまで外力を作用させ仕事をした時，ばねにどれだけの仕事がなされたかを調べてみよう．

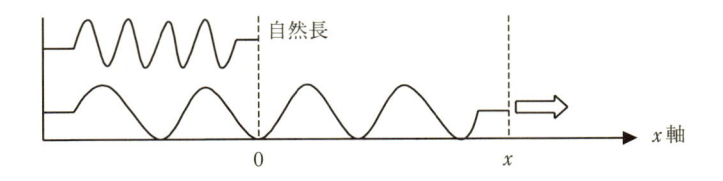

外力は $F=-kx$ であるから，外力がばねにする仕事は，
$$W=\int_0^x \vec{F}\cdot d\vec{x}'=\int_0^x kx'\cdot dx'=\left[\frac{1}{2}kx'^2\right]_0^x=\frac{1}{2}kx^2$$
となる．つまり，ばねにたくわえられるエネルギーは，
$$V(x)=\frac{1}{2}kx^2$$
となる．

☆ばねの公式まとめ
・ばねの力（フックの法則）
$$\vec{F}=-k\vec{x} \quad (1次元の場合は，F=-kx)$$
・ばねによる位置エネルギー
$$V(x)=\frac{1}{2}kx^2$$

【ケース31】 下図のようにばね定数 $k=5[\text{N/m}]$ であるばねが自然長から $2[\text{m}]$ 伸びている．このとき，ばねの力の大きさとばねによる位置エネルギーをもとめてみよう．

（解説）
フックの法則より，
$$F=-kx=-5\cdot 2=-10[\text{N}]$$
であるから，力の大きさは，$10[\text{N}]$．また，ばねによる位置エネルギーは，
$$V=\frac{1}{2}kx^2=\frac{1}{2}\cdot 5\cdot 2^2=10[\text{J}]$$
となる．

【ケース32】 下図のように質量 4.0[kg] の箱が，なめらかな床の上を，速さ 2.0[m/s] で左向きに動いている．その後，ばね定数 $k=4.0$[N/m] のばねにぶつかってばねを押し縮めた．物体が静止した瞬間のばねの縮んだ長さをもとめてみよう．

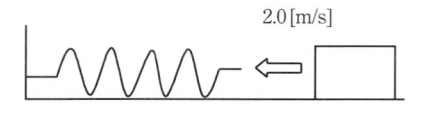

(解説)

力学的エネルギー保存則を利用する．

はじめは，力学的エネルギーは $\frac{1}{2}mv^2 = \frac{1}{2} \cdot 4.0 \cdot 2.0^2 = 8.0$[J] であり，ばねによる位置エネルギーは 0[J] である．したがって，力学的エネルギー E は

$$E = T + V = 8.0 + 0 = 8.0 \text{[J]} \quad \cdots (1)$$

となる．

次に，物体が静止したときの運動エネルギーは 0[J] であり，ばねによる位置エネルギーは，$\frac{1}{2}kx^2 = \frac{1}{2} \cdot 4.0 \cdot x^2 = 2.0x^2$[J] である．力学的エネルギー E は

$$E = 0 + V = 0 + 2.0x^2 = 2.0x^2 \text{[J]} \quad \cdots (2)$$

力学的エネルギーは保存するから，ばねが縮んだときも，力学的エネルギーの値は変わらない．したがって，(1)と(2)は等しいことから，

$$8.0 = 2.0x^2, \quad x > 0 \text{ より}, \quad x = 2.0 \text{[m]}$$

である．

【ケース33】 下図のように質量 2.0[kg]のブロックが，自然長から 0.50[m]（変位 $x=-0.50$[m]）縮んでいるばね定数 19.6[N/m]のばねによって加速され，ばねが自然長になったところでばねからはなれ，その後，静止した．自然長になった地点までの床はなめらかで，その後，床は粗く，動摩擦係数が $f_k=0.20$ である．ブロックと床との間に生じる熱エネルギーと粗い床の上をブロックが進んだ距離とをもとめてみよう．ここで，失われた力学的エネルギーは全て熱エネルギーに変わるものと仮定する．

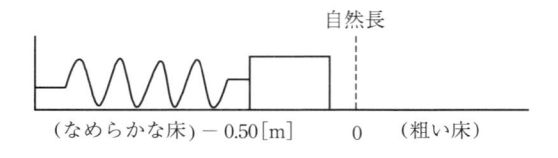

（なめらかな床）－0.50[m]　0　（粗い床）
自然長

（解説）

力学的エネルギー保存則を拡張した全エネルギーに適用できる「エネルギー保存則」で考える．ばねによる位置エネルギーは，

$$V_0 = \frac{1}{2}kx^2 = \frac{1}{2} \cdot 19.6 \cdot (-0.50)^2 = 2.45 \approx 2.5 \text{[J]}$$

である．はじめの全エネルギーは，運動エネルギー T_0 は 0，熱エネルギー Q_0 は 0 であるから，

　　　（全エネルギー）　$E = T_0 + V_0 + Q_0 = 0 + 2.5 + 0 = 2.5$

となる．物体が止まった時の運動エネルギー T_1 は 0，位置エネルギー V_1 は 0 であり，その時の熱エネルギーを Q_1 として，全エネルギーは，はじめのものからは変化しないから，

　　　（全エネルギー）　$E = T_1 + V_1 + Q_1 = 0 + 0 + Q_1 = 2.5$

となる．これより，生じた熱エネルギーは，

$$Q_1 = 2.5$$

である．

次に，エネルギーの移り変わりは，

　　ばねのポテンシャル → 物体の運動エネルギー → 床の熱エネルギー

となる．物体の運動エネルギーから床の熱エネルギーへのエネルギーの移動に

際して，物体の運動エネルギーが 0 になるのは同じだけの仕事が床との摩擦でなされたためである．摩擦による仕事は，物体の移動距離を x' として，

$$W = f_k x' = \mu_k N x' = \mu_k m g x' = 0.20 \cdot 2.0 \cdot 9.8 \cdot x' = 3.92 x' \approx 3.9 x'$$

となる．これが熱エネルギーに等しいから，

$$3.92 x' = 2.45, \quad x' \approx 0.625 \approx 0.63 [\mathrm{m}]$$

となる．

単 振 動

●単振動(調和振動)

(1) 単振動(調和振動)

時計の振り子のような一定の周期で繰返される運動を周期的運動と呼ぶ．この周期的運動をしている物体の位置 x が sin または cos の関数で，

$$x = A\sin(\omega t + \delta) \quad \text{または，} \quad A\cos(\omega t + \delta) \quad (\text{ここで，} A, \omega, \delta \text{ は定数})$$

のように書けるとき，この運動を単振動(調和振動)と呼ぶ．

例としてばねにつながれた物体の運動を考える．ばねの力は $F = -kx$ であるので，運動方程式は次のようになる．

$$m\frac{d^2 x}{dt^2} = -kx$$

この微分方程式の一般解は(p.52 参照)，$\omega = \sqrt{\dfrac{k}{m}}$ とおいて，

$$x = A_1 \sin\omega t + A_2 \cos\omega t$$

であるので，三角関数の加法定理を用いて，

$$x = A_0 \sin(\omega t + \delta)$$

と解ける．このとき，A_0 を振幅，$\omega t + \delta$ を位相と呼ぶ．

(2) 振動数

振動数とは「1秒あたりの振動回数」のことをいう．単位は「Hz(ヘルツ)」である．先の例で，1回振動するのにかかる時間 T (周期)は，

$$T = \frac{2\pi}{\omega} = 2\pi\sqrt{\frac{m}{k}}$$

となる．振動数は，1秒あたりの振動数のことであるので，

$$f = \frac{1}{T} = \frac{\omega}{2\pi} = \frac{1}{2\pi}\sqrt{\frac{k}{m}}$$

のように，周期の逆数となる．このとき，

$$\omega = \sqrt{\frac{k}{m}}$$

を角振動数と呼ぶ．

☆単振動まとめ（ばねの場合）

・変位　　　$x = A_0 \sin(\omega t + \delta)$　　ただし，$\omega = \sqrt{\dfrac{k}{m}}$

　　　　　　A_0 は振幅，δ は初期条件によって決まる

・周期　　　$T = \dfrac{2\pi}{\omega} = 2\pi\sqrt{\dfrac{m}{k}}$

・振動数　　$f = \dfrac{1}{T} = \dfrac{\omega}{2\pi} = \dfrac{1}{2\pi}\sqrt{\dfrac{k}{m}}$

【ケース34】 下図のようにばね定数 8[N/m]のばねに質量 2[kg]のおもりがついていて，なめらかな床の上を単振動している．ばねの自然長となるときのおもりの位置を原点にとり，初めのおもりの変位が右向きに最大振幅の 3[m]であるとして，おもりの運動を解いてみよう．

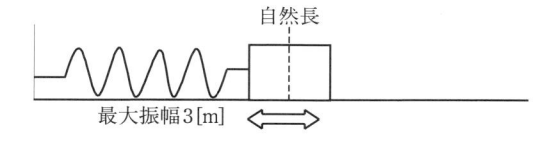

（解説）
運動方程式 $ma = F$ は，

$$ma = -kx, \quad 2\dfrac{d^2x}{dt^2} = -8x$$

である．この微分方程式を解いて，$x(t) = A_1 \sin 2x + A_2 \cos 2x$ となる．ここで，はじめの位置が右向きに最大振幅の 3[m]であることから，$A_1 = 0$，$A_2 = 3$ である．したがって，変位は，

$$x(t) = 3\cos 2t$$

である．これを微分して，速度は，

$$v(t) = -6\sin 2t$$

である．

【ケース35】 下図のような糸の長さが ℓ である振り子の運動を解いてみよう．

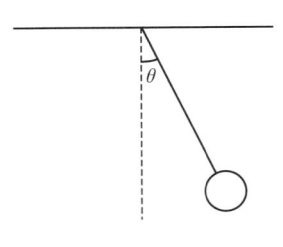

(解説)

運動方程式の変数は θ である．運動方程式をもとめるためにおもりにかかる力 F をもとめる．おもりの質量を m として，重力を糸の方向の成分 $mg\cos\theta$ とそれに垂直な成分 $-mg\sin\theta$ とに分解する．糸方向の成分は糸の張力と相殺されるので残った力は，糸に垂直な成分である．おもりの加速度は，θ を用いて，

$$a = \frac{dv}{dt} = \frac{d}{dt}\left[\frac{d}{dt}(\ell\theta)\right] = \ell\frac{d^2\theta}{dt^2}$$

と表せるから，運動方程式 $ma = F$ は，

$$m\ell\frac{d^2\theta}{dt^2} = -mg\sin\theta, \qquad \therefore \frac{d^2\theta}{dt^2} = -\frac{g}{\ell}\sin\theta$$

ここで，θ が微小であれば，$\sin\theta \sim \theta$（このとき θ は[rad]で表されている）と表せるから，

$$\frac{d^2\theta}{dt^2} = -\frac{g}{\ell}\theta$$

である．この微分方程式を解いて，

$$\theta = A\sin\left(\sqrt{\frac{g}{\ell}}t + \delta\right)$$

となる．

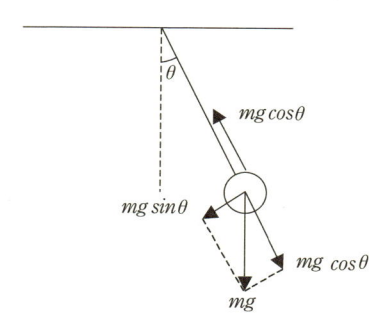

(図: 振り子にかかる力 $mg\sin\theta$, $mg\cos\theta$, mg)

● 減衰振動と強制振動

(1) 減衰振動

　振幅が徐々に小さくなる振動を「減衰振動」という．単振動している物体に，空気抵抗や床の摩擦などが作用すると減衰振動になる．減衰振動の運動方程式の例として，次の例題を考えてみよう．

【ケース36】　下図のようにばね定数 0.3[N/m]のばねに質量 0.1[kg]のおもりがついている．おもりとばねの重力とのつり合いの位置から 0.2[m]伸ばして，手を離した．おもりには速度に比例する空気抵抗「$-0.2v$」が働く．おもりの運動を解いてみよう．

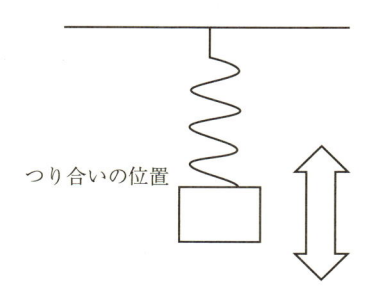

(図: 天井から吊るされたばねとおもり，「つり合いの位置」)

（解説）

　おもりとばねの重力とのつり合いの位置を原点として考える．運動方程式 $ma = F$ は，

$$0.1a = -0.3x - 0.2v, \quad 0.1\frac{d^2x}{dt^2} = -0.3x - 0.2\frac{dx}{dt}$$

式を整理すると，
$$\frac{d^2x}{dt^2}+2\frac{dx}{dt}+3x=0$$
となる．この方程式を解くのは少々難しい．まずは，p.54 で学習した特性方程式は，$\lambda^2+2\lambda+3=0$．これを解くと，$\lambda=-1\pm\sqrt{2}i$ である．これより，
$$x=Ae^{(-1-\sqrt{2}i)t}+Be^{(-1+\sqrt{2}i)t}$$

ここで，オイラーの公式を示しておく．

☆オイラーの公式
$$e^{ix}=\cos x+i\sin x$$
$$e^{-ix}=\cos x-i\sin x$$

$x=Ae^{(-1-\sqrt{2}i)t}+Be^{(-1+\sqrt{2}i)t}$ にオイラーの公式を適用して変形する．
$$\begin{aligned}x&=e^{-t}(Ae^{-\sqrt{2}it}+Be^{+\sqrt{2}it})\\&=e^{-t}[A\{\cos(\sqrt{2}t)-i\sin(\sqrt{2}t)\}+B\{\cos(\sqrt{2}t)+i\sin(\sqrt{2}t)\}]\\&=e^{-t}[(A+B)\cos\sqrt{2}t+(-A+B)i\sin\sqrt{2}t]\\&=e^{-t}[A_1\cos\sqrt{2}t+A_2\sin\sqrt{2}t]\end{aligned}$$

ここで，括弧の中の $A_1\cos\sqrt{2}t+A_2\sin\sqrt{2}t$ は紛れもなく単振動を表している．単振動との違いは括弧の前の関数，「e^{-t}」である．この関数は t が大きくなるにつれて減少する関数である．つまり，t が大きくなるにつれてこの振動は「e^{-t}」によって，振幅が減少していくのである．

例題に戻ると $t=0$ のとき，最大振幅で $x=0.2$ になるから，$A_1=0.2$，$A_2=0$ である．
$$\therefore\ x=0.2e^{-t}\cos\sqrt{2}t$$
となる．

(2) 強制振動

単振動している物体に，周期的な力が働く場合の振動を「強制振動」という．特に，単振動に対して同じ周期で単振動する力が働くときを共振または共鳴と呼び，振幅がどんどん大きくなっていく．共振の運動方程式の例をあげる．
$$\frac{d^2x}{dt^2}=-\omega^2x+A\sin\omega t$$

【ケース37】 下図のようにばね定数 0.4[N/m]のばねに質量 0.1[kg]のおもりがついている．おもりとばねの重力とのつり合いの位置から 0.2[m]のばして，手をはなす．おもりには，強制的に，$0.2\sin 3t$[N]の力が作用しているとして，おもりの運動方程式を書いてみよう．

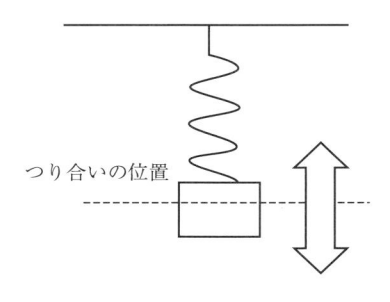

つり合いの位置

（解説）

おもりとばねの重力とのつり合いの位置を原点として考える．運動方程式 $ma=F$ は，

$$0.1a = -0.4x + 0.2\sin 3t$$

$$0.1\frac{d^2x}{dt^2} = -0.4x + 0.2\sin 3t$$

式を整理すると

$$\frac{d^2x}{dt^2} + 4x = 2\sin 3t$$

となる．この微分方程式は複雑なため本書の守備範囲外なので，結論だけ示しておこう．

$$x = \frac{1}{5}\cos 2t - \frac{2}{5}\sin 3t$$

重　　力

●重　力

(1) ニュートンの重力の法則（万有引力の法則）

　重力の法則とは，「全ての物質は他のあらゆる物質を重力で引きつける．その力の大きさは，$F=G\dfrac{m_1 m_2}{r^2}$ である．」ということである．ここで，m_1，m_2 は物質の質量で，r は物質間の距離である．G は重力定数で，現在次のような値になるとわかっている．

$$G = 6.67 \times 10^{-11} [\mathrm{m^3/(kg \cdot s^2)}]$$

(2) 球殻定理

　球殻定理とは「一様な球殻上の物体は，その外にある小さな物体に対して，その球殻の全質量が中心に集中しているものと同じ引力を及ぼす．」ということである．地球はこのような球殻を何層にも重ねたものとして考えることができるので，地上の物質に対しては，地球の中心からの重力として考えてよい．

(3) 地表での重力

　地表付近での質量 m を持った物体の受ける重力は，重力の法則により，

$$F = G\dfrac{Mm}{r^2}$$

である．ここで，M は地球の質量，r は地球の半径である．この物体の受ける加速度は，運動方程式 $ma=F$ より，

$$ma = G\dfrac{Mm}{r^2}, \quad a = G\dfrac{M}{r^2} = g（重力加速度）$$

となる．最後の等式はこの重力の作る加速度が重力加速度であることによる．

(4) 重力による位置エネルギー（重力ポテンシャル）

　無限に遠い点を原点として重力による位置エネルギー（以下，重力ポテンシャルという）を定める．まず，無限遠方から r の地点まで移動した時の重力のする仕事をもとめる．

$$W = \int_\infty^r G\frac{m_1 m_2}{r^2}(-dr) = G\frac{m_1 m_2}{r}$$

この仕事が重力ポテンシャルの差であるから，

$$U_\infty - U_r = W$$

である．したがって，無限遠方における重力ポテンシャルを 0 とすると，r の地点での重力ポテンシャルは次のようになる．

$$U = -G\frac{m_1 m_2}{r}$$

☆重力まとめ

・重力の公式　$F = G\dfrac{m_1 m_2}{r^2}$　（重力定数　$G = 6.67 \times 10^{-11} [\mathrm{m^3/(kg \cdot s^2)}]$）

・重力ポテンシャル　$U = -G\dfrac{m_1 m_2}{r}$

【ケース38】　月は地球の重力によってひきつけられている．月と地球の中心との距離を $4.0 \times 10^8 [\mathrm{m}]$，地球と月の質量をそれぞれ，$6.0 \times 10^{24}[\mathrm{kg}]$，$7.4 \times 10^{22}[\mathrm{kg}]$ として，地球が月に及ぼす重力と，月の持つ重力ポテンシャルをもとめてみよう．

（解説）

重力の法則　$F = G\dfrac{Mm}{r^2}$　より，

$$F = 6.67 \times 10^{-11} \cdot \frac{(6.0 \times 10^{24}) \cdot (7.4 \times 10^{22})}{(4.0 \times 10^8)^2} \approx 1.9 \times 10^{20}[\mathrm{N}]$$

である．重力ポテンシャルは，$U = -G\dfrac{Mm}{r}$ より，

$$U = -6.67 \times 10^{-11} \cdot \frac{(6.0 \times 10^{24}) \cdot (7.4 \times 10^{22})}{4.0 \times 10^8} \approx -7.4 \times 10^{28}[\mathrm{J}]$$

である．

【ケース39】 地球の表面からロケットが離陸し,無限遠方まで進むことのできる速度を脱出速度という.地球の質量を6.0×10^{24}[kg],半径を6.0×10^6[m]として,脱出速度をもとめてみよう.

(解説)

力学的エネルギー保存則により,離陸するロケットの力学的エネルギーが無限遠方で静止するロケットの力学的エネルギー(静止しているので重力ポテンシャルのみ)と等しくなるように,ロケットの脱出速度をもとめる.

まず,無限遠方での重力ポテンシャルは,

$$U_\infty = -G\frac{Mm}{r} = 0 \quad \cdots(1)$$

よって,無限遠方で静止したロケットの力学的エネルギーは,

$$E = T_\infty + U_\infty = 0 + 0 = 0$$

である.それでは,地上におけるロケットの運動エネルギーと重力ポテンシャルは,それぞれ,

$$T_g = \frac{1}{2}mv^2, \quad U_g = -\frac{GMm}{r}$$

であるから,力学的エネルギーは,

$$E = T_g + U_g = \frac{1}{2}mv^2 - \frac{GMm}{r} \quad \cdots(2)$$

ロケットが脱出するためには(2)が(1)よりも大きくなくてはいけないから,

$$\frac{1}{2}mv^2 - \frac{GMm}{r} > 0$$

となる.これを解いて,脱出速度は,

$$v > \sqrt{\frac{2GM}{r}} = \sqrt{\frac{2\cdot(6.67\times10^{-11})\cdot(6.0\times10^{24})}{6.0\times10^6}} \approx 1.2\times10^4 [\text{m/s}]$$

となる.よって,脱出速度は1.2×10^4[m/s]である.

運動量・力のモーメントと角運動量

●運動量
(1) 運動量

運動量とは，「物体の質量と速度の積 $\vec{p}=m\vec{v}$」で定義されるベクトル量である．

例えば，質量2[kg]，速度が東向きに5[m/s]の物体の運動量は，「東向きに，2×5＝10[kgm/s]」である．

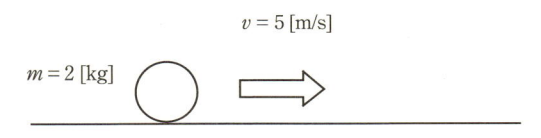

(2) 運動量保存則

多体系(一体系も含む)において，系に外力が加わらないかぎり系の全ての物体の運動量の和は変化しない．これが「運動量保存則」である．運動量保存則を下図のような2体系で考えてみよう．

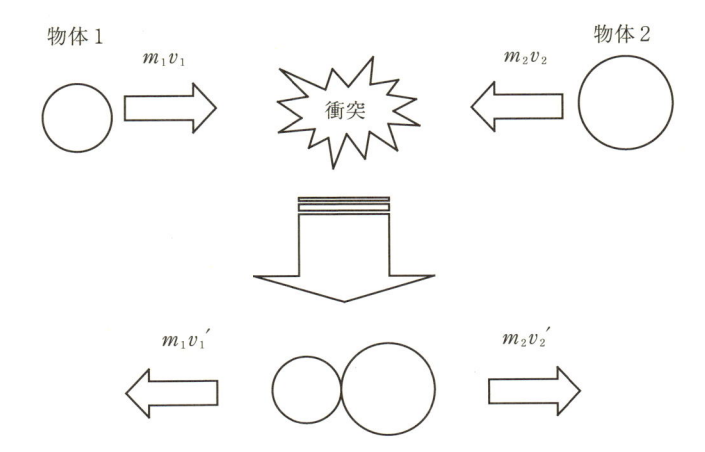

運動量保存則を式で表すと，
$$m_1v_1 + m_2v_2 = m_1v_1' + m_2v_2'$$
である．運動量の和に変化がないことを，微分を使って表すと，$m_1v_1 + m_2v_2 =$（一定），すなわち，

$$\frac{d}{dt}(m_1v_1 + m_2v_2) = 0$$

$$\frac{d}{dt}(m_1v_1) + \frac{d}{dt}(m_2v_2) = 0$$

$$\therefore\ m_1\frac{dv_1}{dt} + m_2\frac{dv_2}{dt} = 0$$

$$\therefore\ m_1a_1 + m_2a_2 = 0$$

運動方程式より $ma = F$ より $\quad F_1 + F_2 = 0 \quad \therefore\ F_1 = -F_2$

ここで，F_1 は衝突の際，物体2が物体1に及ぼす力で，F_2 は物体1が物体2に及ぼす力である．この式から，「F_1 と F_2 とは同時に生じて，大きさが等しく，向きが逆である」ということがわかる（作用・反作用の法則）．

【ケース40】 下図のようになめらかな床の上で質量 $m_1 = 2$[kg]，$m_2 = 4$[kg]の物体1と物体2がそれぞれ，右向きを正として，速度 $v_1 = 15$[m/s]，$v_2 = -5$[m/s]で衝突した．衝突後，物体1の速度は $v_1' = -3$[m/s]となった．このとき，物体2の速度をもとめてみよう．

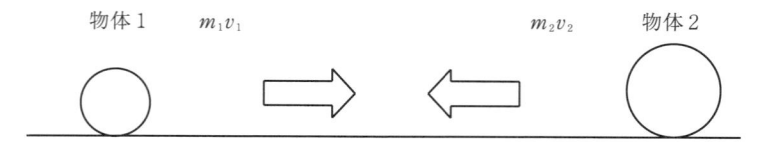

物体1　　m_1v_1　　　　　　　　　　　m_2v_2　　物体2

なお，この衝突において，力学的エネルギーは保存しない．力学的エネルギーが保存しない衝突を「非弾性散乱」という．一方，力学的エネルギーが保存する衝突を，「弾性散乱」という．

（解説）

運動量保存則 $m_1v_1 + m_2v_2 = m_1v_1' + m_2v_2'$ に各条件を代入すると，
$$2 \times 15 + 4 \times (-5) = 2 \times (-3) + 4v_2'$$

この方程式を解いて，
$$v_2' = 4\,[\mathrm{m/s}]$$
となる．したがって，物体2の速度は右向きに4[m/s]である．

【ケース41】 下図のようになめらかな床の上で質量 $m_1 = 5.0\,[\mathrm{kg}]$，$m_2 = 2.0\,[\mathrm{kg}]$ の物体1と物体2が接して静止している．物体1と物体2の接している面に火薬が塗られている．火薬が爆発したとき，物体1が左向きに10[m/s]の速度で走り出した．このとき，物体2の速度をもとめてみよう．

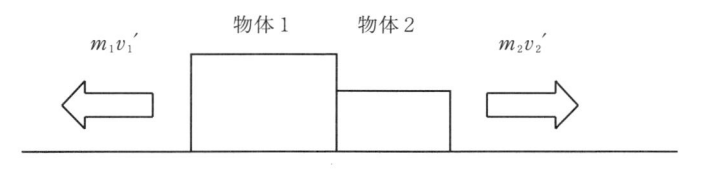

（解説）

運動量保存則 $m_1 v_1 + m_2 v_2 = m_1 v_1' + m_2 v_2'$ に各条件を代入すると，
$$5 \times 0 + 2 \times 0 = 5 \times (-10) + 2 \times v_2'$$
この方程式を解いて，
$$v_2' = 25\,[\mathrm{m/s}]$$
となる．したがって，物体2の速度は右向きに25[m/s]である．

飛行機のジェットエンジンやロケットの推進力は，この原理を利用している．

● 力のモーメント

力のモーメントとは，「物体をある点Oのまわりに回転させようとする力の効果」のことであり，点Oからのベクトルを $\vec{r}$，力のベクトルを $\vec{F}$ とすると，
$$\vec{r} \times \vec{F}$$
で定義される．具体的には「てこ」における回転させようとする力があげられる．例えば，次の図で，始点を原点とすると，力のモーメントの大きさは，$2.0 \times 10 = 20\,[\mathrm{N \cdot m}]$ である．（$|\vec{F}| = 10\,[\mathrm{N}]$ である）

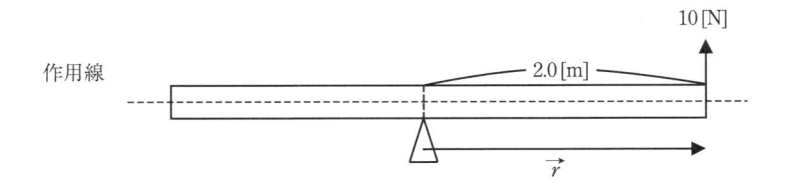

ここで，以下のように，力がてこの作用線と垂直ではなかった場合を考えてみよう．

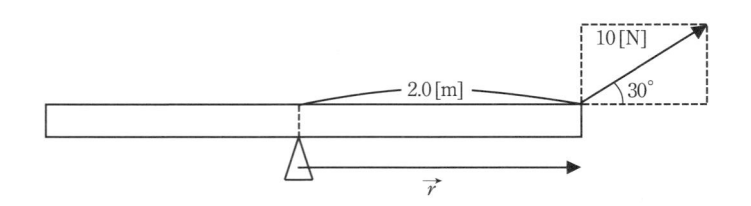

回転させようとする力には，力 $\vec{F}$ の作用線に対する垂直成分のみが有効になるので，力のモーメントの大きさは，$2.0 \times 10\sin 30° = 10[\mathrm{N \cdot m}]$ となる．一般に力のモーメントの大きさは，ベクトルの外積を用いて，

$$|\vec{r} \times \vec{F}| = |\vec{r}| \cdot |\vec{F}|\sin\theta \quad (\theta は \vec{r} と \vec{F} のなす角度)$$

となる．

ところで，ある物体に対する力のモーメントの和が 0，すなわち，力のモーメントがつりあっているときには，静止している物体の回転は始まらない．しかし，力のモーメントの和が 0 でないときは，物体は回転を始める．

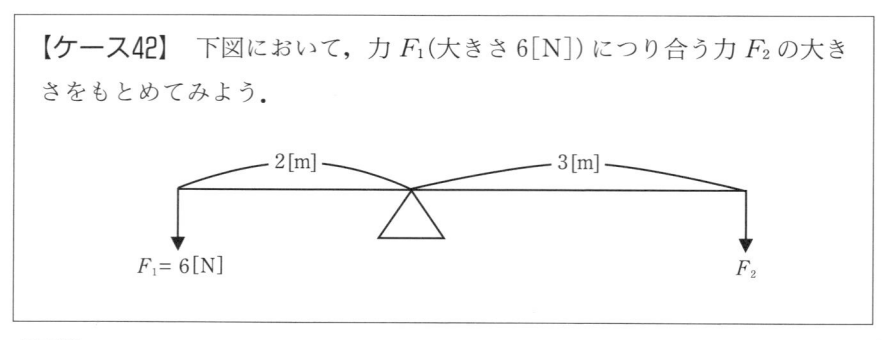

【ケース42】 下図において，力 F_1（大きさ $6[\mathrm{N}]$）につり合う力 F_2 の大きさをもとめてみよう．

（解説）
始点を中心に反時計回りを正として，力のモーメントのつり合いの式は，

$$2F_1 - 3F_2 = 0$$

であり，$F_1 = 6$ を代入すると，$2 \times 6 - 3F_2 = 0$ となる．よって，$F_2 = 4 [\text{N}]$．

【ケース43】 下図において，力 F_1（大きさ 15[N]）につり合う力 F_2 の大きさをもとめてみよう．ここで，$\sqrt{2} = 1.4$ とする．

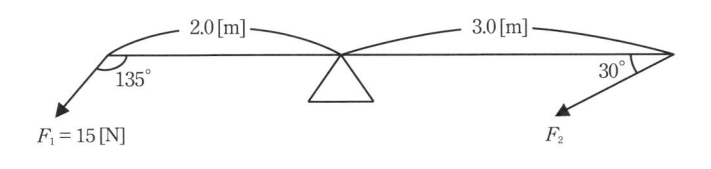

(解説)

始点を中心に反時計回りを正として，力のモーメントのつり合いの式は，始点から作用点までのベクトルを基準にした角度を用いて，

$$2.0 \times 15 \sin 45° + 3.0 \times F_2 \sin 210° = 0$$

$$2.0 \times 15 \cdot \frac{\sqrt{2}}{2} + 3.0 \times F_2 \left(-\frac{1}{2} \right) = 0$$

$$\therefore F_2 = 14 [\text{N}]$$

● 角運動量

(1) 角運動量

角運動量とは，ある中心からの位置ベクトル $\vec{r}$ と物体の運動量 $\vec{p} (= m\vec{v})$ を用いて，

$$\vec{r} \times \vec{p}$$

で定義されるベクトル量である．力のモーメントにおける力 $\vec{F}$ の部分を運動量 $\vec{p}$ に置き換えたもので，力のモーメント同様に，運動量 $\vec{p}$ は，$\vec{r}$ に対して垂直成分のみが有効になる．よって，角運動量の大きさは，

$$|\vec{r} \times \vec{p}| = |\vec{r}| \cdot |\vec{p}| \sin \theta \quad (\theta は \vec{r} と \vec{p} のなす角度)$$

となる．

(2) 角運動量保存則

角運動量保存則とは「外力が働いていないとき，系の角運動量の和は保存す

る」ということである．角運動量保存則で説明できる現象として，フィギュアスケートの回転，惑星の運動などがある．

【ケース44】 下図のように，糸でつながれた質量 0.4[kg] のおもりを手で回している．回転半径は 0.5[m]，おもりの速さは 0.3[m/s] である．糸をたぐりよせて，回転半径を短くしていき，半径が 0.2[m] になったときの物体の速さをもとめてみよう．

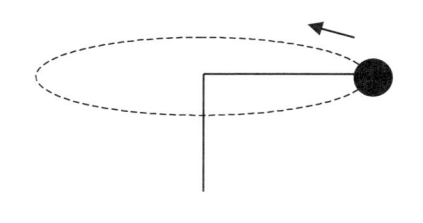

（解説）

はじめの角運動量の大きさは，
$$0.5 \times (0.4 \times 0.3) = 0.06$$
である．角運動量保存則より，糸を短くしたときの角運動量の大きさも 0.06 である．したがって，半径が 0.2[m] になったときの速さを v' として，
$$0.2 \times (0.4 \times v') = 0.06$$
$$\therefore v' = 0.75 \approx 0.8 [\text{m/s}]$$
となる．

フィギュアスケートで大きく腕を広げてゆっくり回転している選手が，腕を体に引きつけると，早く回転するようになるのは，このケースと同じ原理から説明できる．

【ケース45】 「惑星の太陽に対する面積速度は一定である」というケプラーの第2法則を角運動量保存則から導いてみよう．

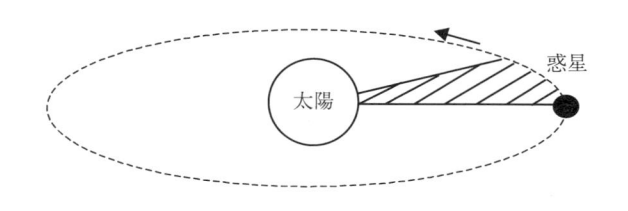

(解説)

角運動量保存則より，

$$\vec{r} \times m\vec{v} = (一定)$$

$$\therefore |\vec{r} \times m\vec{v}| = (一定)$$

質量は一定であるから，結局，

$$rv\sin\theta = (一定) \quad \cdots(1)$$

となる．

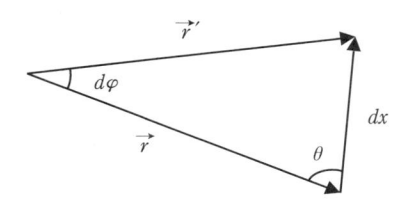

ところで，中心である太陽に対する物体の角度の変位を φ とすると，

$$rd\varphi = \sin\theta dx$$

「dt」で割ると，

$$r\frac{d\varphi}{dt} = \sin\theta \frac{dx}{dt}$$

$$\therefore r\frac{d\varphi}{dt} = v\sin\theta$$

両辺を r 倍して，

$$r^2 \frac{d\varphi}{dt} = rv\sin\theta \quad \cdots(2)$$

(1)より，(2)は一定であることがわかる．

$$\therefore \ r^2 \frac{d\varphi}{dt} = (\text{一定})$$

$$\therefore \ \frac{1}{2} r^2 \frac{d\varphi}{dt} = (\text{一定})$$

左辺は，面積速度である．よって，面積速度は一定となる．

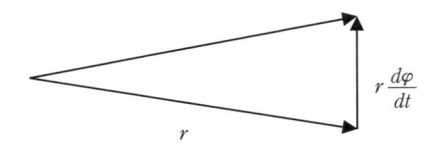

座標変換

● 慣性系とは

慣性系とは「ニュートンの運動の法則が成立する座標系」のことである．

● 並進変換

xyz 直交座標系を平行移動させて，$x_1 y_1 z_1$ 直交座標系に座標変換（回転を伴わない）をおこなうことを並進変換と呼ぶ．簡単のため，2 次元の xy 直交座標系でこの並進変換をおこない，物体に作用する力が座標変換後も変わらないことを示してみよう．

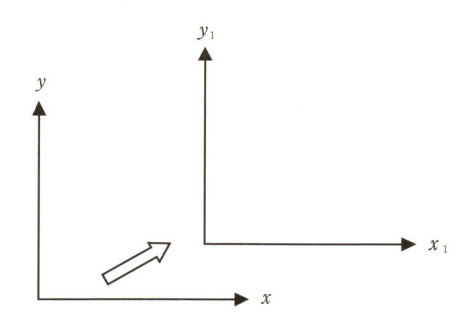

では次のような例を考えてみよう．

質量 m[kg] の物体が自然長 ℓ[m]，ばね定数 k[N/m] のばねにつながれている．

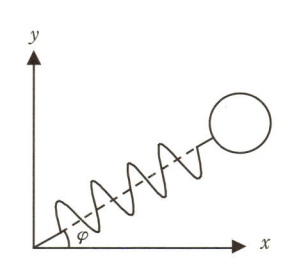

ばねの始点の位置は $(x, y) = (0, 0)$，自然長における終点の位置は $(x, y) = (\ell\cos\varphi, \ell\sin\varphi)$ である．物体をばねの方向に沿って，ばねののびが $\delta\ell$ になるまで引っ張った．このとき，終点の位置は，$(x, y) = ((\ell + \delta\ell)\cos\varphi, (\ell + \delta\ell)\sin\varphi)$ となり，ばねが物体を引っ張る力の大きさは，

$$k\delta\ell \, [\mathrm{N}]$$

となる．成分に分けて書くと，

$$(F_x, F_y) = (-k\delta\ell\cos\varphi, -k\delta\ell\sin\varphi)$$

である．

次に，xy 直交座標系を x 軸方向に $\alpha[\mathrm{m}]$，y 軸方向に $\beta[\mathrm{m}]$ だけ平行移動した $x_1 y_1$ 直交座標系でこの物理現象を見てみる．

新しい座標系から見たばねの始点は $(x, y) = (-\alpha, -\beta)$，自然長における終点は $(x, y) = (\ell\cos\varphi - \alpha, \ell\sin\varphi - \beta)$ である．物体を引っ張ったときの終点は $(x, y) = ((\ell + \delta\ell)\cos\varphi - \alpha, (\ell + \delta\ell)\sin\varphi - \beta)$ となる．このとき，ばねののびは，$\delta\ell$ で，ばねののびが座標の変化によって変わらない．したがって，ばねが物体を引っ張る力の大きさは，

$$k\delta\ell \, [\mathrm{N}]$$

となる．成分に分けて書くと，

$$(F_{x_1}, F_{y_1}) = (-k\delta\ell\cos\varphi, -k\delta\ell\sin\varphi)$$

で，座標変換によって，ばねが物体を引っ張る力は変化しない．つまり，座標変換後もニュートンの運動方程式が成立するのである．

これを3次元に拡張して考えたとしても上で述べた議論はまったく同じである．ニュートンの運動方程式が成立している系に対して並進変換をおこなった系でも，常にニュートンの運動方程式は成り立つ．このことを，ニュートンの運動方程式は「並進対称性を持つ」という．

> **【ケース46】** 質量 3[kg] の物体が落下している．この運動について慣性系の xy 直交座標系を x 軸方向に 2[m]，y 軸方向に -3[m] だけ平行移動した $x_1 y_1$ 直交座標系で考えてみよう．

（解説）

xy 直交座標系から見た物体の運動方程式は，

$$m\frac{d^2 \vec{x}}{dt^2} = \vec{F}$$

成分に分けて書くと，（y 成分では，鉛直下向きを正とする）

$$\begin{cases} 3\dfrac{d^2 x}{dt^2} = 0 \\ 3\dfrac{d^2 y}{dt^2} = 3g \end{cases} \cdots ①$$

となる．次に，座標変換の式は，

$$\begin{cases} x_1 = x - 2 \\ y_1 = y + 3 \end{cases} \Leftrightarrow \begin{cases} x = x_1 + 2 \\ y = y_1 - 3 \end{cases}$$

である．①式に代入して，重力はあらゆる場所で同じ大きさと考え，

$$\begin{cases} 3\dfrac{d^2}{dt^2}(x_1 + 2) = 0 \\ 3\dfrac{d^2}{dt^2}(y_1 - 3) = 3g \end{cases}, \therefore \begin{cases} 3\dfrac{d^2 x_1}{dt^2} = 0 \\ 3\dfrac{d^2 y_1}{dt^2} = 3g \end{cases}$$

となる．ベクトルで書くと，

$$m\frac{d^2 \vec{x_1}}{dt^2} = \vec{F_1}$$

となり，ニュートンの運動方程式の形になっている．

● 回転変換

xyz 直交座標系を回転させて，$x_2 y_2 z_2$ 直交座標系に座標変換をおこなうことを回転変換と呼ぶ．簡単のため，2次元の xy 直交座標系でこの回転変換をおこない，物体に作用する力が座標変換後も変わらないことを示してみよう．

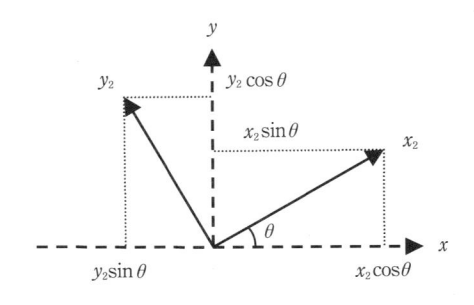

並進変換のときと同じ例を用いて考えてみよう．

質量 $m[\mathrm{kg}]$ の物体が自然長 $\ell[\mathrm{m}]$，ばね定数 $k[\mathrm{N/m}]$ のばねにつながれている．

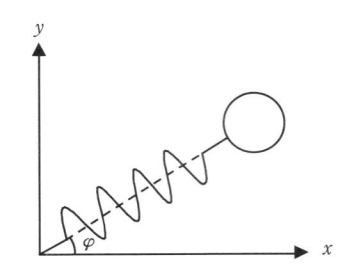

ばねの始点の位置は $(x, y) = (0, 0)$，自然長における終点の位置は $(x, y) = (\ell\cos\varphi, \ell\sin\varphi)$ である．物体を自然長の方向に引っ張り，ばねののびは，$\delta\ell$ で，終点の位置は，$(x, y) = ((\ell+\delta\ell)\cos\varphi, (\ell+\delta\ell)\sin\varphi)$ となる．このとき，ばねが物体を引っ張る力の大きさは，

$$k\delta\ell[\mathrm{N}]$$

となる．成分に分けて書くと，

$$(F_x, F_y) = (-k\delta\ell\cos\varphi, -k\delta\ell\sin\varphi)$$

である．

次に，xy 直交座標系を θ だけ回転移動した x_2y_2 直交座標系でこの物理現象を見てみる．まず，座標変換の式をもとめてみよう．座標系を θ 回転させる変換は，結局，各座標の値を $-\theta$ 回転することと同じであるから，(x, y) を $-\theta$ 回転させることで，(x_2, y_2) を得ることになる．したがって，p.76 の回転行列を使うと，

$$\begin{bmatrix} x_2 \\ y_2 \end{bmatrix} = \begin{bmatrix} \cos(-\theta) & -\sin(-\theta) \\ \sin(-\theta) & \cos(-\theta) \end{bmatrix} \begin{bmatrix} x \\ y \end{bmatrix}$$

$$= \begin{bmatrix} x\cos\theta + y\sin\theta \\ -x\sin\theta + y\cos\theta \end{bmatrix}$$

$$\therefore \begin{cases} x_2 = x\cos\theta + y\sin\theta \\ y_2 = -x\sin\theta + y\cos\theta \end{cases} \Leftrightarrow \begin{cases} x = x_2\cos\theta - y_2\sin\theta \\ y = x_2\sin\theta + y_2\cos\theta \end{cases}$$

これより,新しい座標系から見たばねの始点は $(x_2, y_2) = (0, 0)$,自然長における終点は $(x_2, y_2) = (\ell\cos\varphi\cos\theta + \ell\sin\varphi\sin\theta, -\ell\cos\varphi\sin\theta + \ell\sin\varphi\cos\theta)$ である.また,物体を引っ張ったときの終点は

$(x_2, y_2) = ((\ell+\delta\ell)\cos\varphi\cos\theta + (\ell+\delta\ell)\sin\varphi\sin\theta, -(\ell+\delta\ell)\cos\varphi\sin\theta + (\ell+\delta\ell)\sin\varphi\cos\theta)$

となる.このとき,ばねののびは,

$$\sqrt{(\delta\ell\cos\varphi\cos\theta + \delta\ell\sin\varphi\sin\theta)^2 + (-\delta\ell\cos\varphi\sin\theta + \delta\ell\sin\varphi\cos\theta)^2}$$
$$= \sqrt{\delta\ell^2(\cos^2\varphi\cos^2\theta + \sin^2\varphi\sin^2\theta + \cos^2\varphi\sin^2\theta + \sin^2\varphi\cos^2\theta)}$$
$$= \delta\ell$$

となる.結局 $\delta\ell$ となり,ばねののびが座標の変化によって変わらない.したがって,ばねが物体を引っ張る力の大きさは,

$$k\delta\ell \, [\mathrm{N}]$$

となる.成分に分けて書くと,

$(F_{x_2}, F_{y_2}) = (-k\delta\ell(\cos\varphi\cos\theta + \sin\varphi\sin\theta), -k\delta\ell(-\cos\varphi\sin\theta + \sin\varphi\cos\theta))$
$\qquad\qquad = (-k\delta\ell\cos(\varphi-\theta), -k\delta\ell\sin(\varphi-\theta))$

で,座標変換によって,ばねが物体を引っ張る力は変化しない.つまり,座標変換後もニュートンの運動方程式が成立するのである.

これを 3 次元に拡張して考えたとしても同じように物事を見る角度が変わるだけであり,ニュートンの運動方程式が成立している系に対して回転変換をおこなっても,常にニュートンの運動方程式は成り立つのである.このことを,ニュートンの運動方程式は「回転対称性を持つ」という.

【ケース47】 下の図のように角度 θ のなめらかな斜面の上に物体Aが (x_0, y_0) の位置に静止しておかれている。この物体が動き出してから $t[\mathrm{s}]$ 後の位置を (x, y) 座標に対してもとめてみよう．

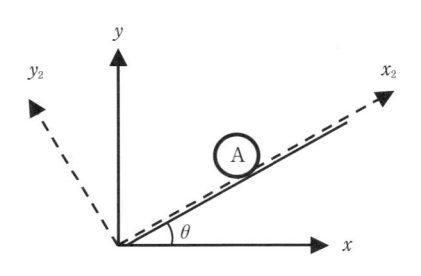

（解説）

垂直抗力を N として，x 方向，y 方向の運動方程式を考えると，

x 方向：$ma_x = -N\sin\theta$

y 方向：$ma_y = N\cos\theta - mg$

となる．しかし，これでは垂直抗力 N がわかりにくいので，斜面に平行な方向 x_2 と斜面に垂直な方向 y_2 を考える方が便利である．(x_2, y_2) 方向の運動方程式は次のように与えられる．

x_2 方向：$ma_{x_2} = -mg\sin\theta$

y_2 方向：$ma_{y_2} = N - mg\cos\theta$

x_2 方向の運動は N によらないので，$a_{x_2} = -g\sin\theta$．このとき y_2 方向の力は打ち消しあうことがわかるので，$N - mg\cos\theta = 0$ であり $a_{y_2} = 0$ とわかる．

では次にもとの (x, y) 座標系に戻らなくてはならない．

$$\begin{bmatrix} x \\ y \end{bmatrix} = \begin{bmatrix} \cos\theta & -\sin\theta \\ \sin\theta & \cos\theta \end{bmatrix} \begin{bmatrix} x_2 \\ y_2 \end{bmatrix}$$

であるから，(a_x, a_y) は，

$$\begin{bmatrix} a_x \\ a_y \end{bmatrix} = \begin{bmatrix} a_{x_2}\cos\theta \\ a_{x_2}\sin\theta \end{bmatrix}$$

これは等加速度運動であるから，

$$x = x_0 - \frac{1}{2} g\sin\theta\cos\theta \cdot t^2$$

$$y = y_0 - \frac{1}{2} g\sin^2\theta \cdot t^2$$

が得られる．

　もちろん，できる読者ならこのような回転変換を用いなくても，これまでの斜面の問題と同じように解いて，最後に斜面を滑り落ちる運動を x 方向と y 方向とに分解できることと思う．この x 方向，y 方向の運動と斜面方向の運動とを同じように取り扱えることが回転対称性なのである．

● ガリレイ変換

　xyz 直交座標系から，速度 $\vec{v}$ で等速直線運動している $x_3 y_3 z_3$ 直交座標系への座標変換をガリレイ変換と呼ぶ．簡単のため，2次元の xy 直交座標系でこのガリレイ変換をおこない，物体に作用する力が座標変換後も変わらないことを示してみよう．

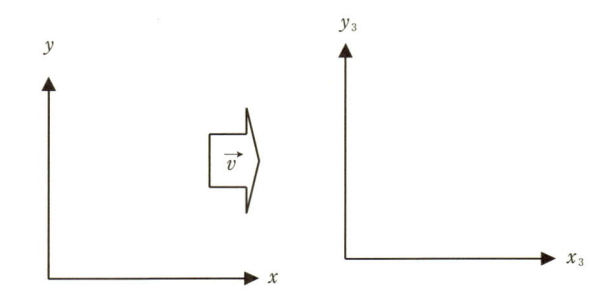

では次のような例を考えてみよう．

　質量 $m[\mathrm{kg}]$ の物体が自然長 $\ell[\mathrm{m}]$，ばね定数 $k[\mathrm{N/m}]$ のばねにつながれている．

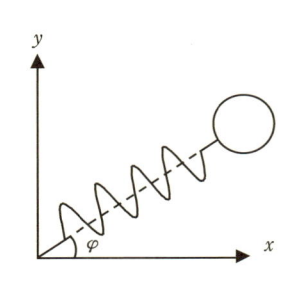

ばねの始点の位置は $(x, y) = (0, 0)$，自然長における終点の位置は $(x, y) = (\ell\cos\varphi, \ell\sin\varphi)$ である．物体を自然長の方向に引っ張り，ばねののびは，$\delta\ell$ で，終点の位置は，$(x, y) = ((\ell+\delta\ell)\cos\varphi, (\ell+\delta\ell)\sin\varphi)$ となる．このとき，ばねが物体を引っ張る力の大きさは，

$$k\delta\ell\,[\mathrm{N}]$$

となる．成分に分けて書くと，

$$(F_x, F_y) = (-k\delta\ell\cos\varphi, -k\delta\ell\sin\varphi)$$

である．

次に，xy 直交座標系に対して，x 軸正の方向に速さ $v\,[\mathrm{m/s}]$ で等速直線運動する x_3y_3 直交座標系でこの物理現象を見てみる．

新しい座標系から見たばねの始点は $(x, y) = (-vt, 0)$，自然長における終点は $(x_3, y_3) = (\ell\cos\varphi - vt, \ell\sin\varphi)$ である．物体を引っ張ったときの終点は $(x_3, y_3) = ((\ell+\delta\ell)\cos\varphi - vt, (\ell+\delta\ell)\sin\varphi)$ となる．このとき，ばねののびは，$\delta\ell$ で，ばねののびが座標の変化によって変わらない．したがって，ばねが物体を引っ張る力の大きさは，

$$k\delta\ell\,[\mathrm{N}]$$

となる．成分に分けて書くと，

$$(F_{x_3}, F_{y_3}) = (-k\delta\ell\cos\varphi, -k\delta\ell\sin\varphi)$$

で，座標変換によって，ばねが物体を引っ張る力は変化しない．つまり，座標変換後もニュートンの運動方程式が成立するのである．

これを3次元に拡張して考えたとしても，我々の空間では，ニュートンの運動方程式が成立している系に対してガリレイ座標変換をおこなった系に対しても，常にニュートンの運動方程式は成り立つのである．

【ケース48】 質量 $3\,[\mathrm{kg}]$ の物体が落下している．この運動を慣性系の xy 直交座標系に対して，x 軸正方向に速さ $5\,[\mathrm{m/s}]$，y 軸方向に $-2\,[\mathrm{m/s}]$ で等速直線運動する x_3y_3 直交座標系で考えてみよう．

(解説)

xy 直交座標系から見た物体の運動方程式は，

$$m\frac{d^2\vec{x}}{dt^2}=\vec{F}$$

成分に分けて書くと，（y 成分では，鉛直下向きを正とする）

$$\begin{cases} 3\dfrac{d^2x}{dt^2}=0 \\ 3\dfrac{d^2y}{dt^2}=3\,g \end{cases} \cdots ①$$

となる．次に，座標変換の式は，

$$\begin{cases} x_3=x-5t \\ y_3=y+2t \end{cases} \Leftrightarrow \begin{cases} x=x_3+5t \\ y=y_3-2t \end{cases}$$

である．①式に代入して，

$$\begin{cases} 3\dfrac{d}{dt^2}(x_3+5t)=0 \\ 3\dfrac{d}{dt^2}(y_3-2t)=3g \end{cases} ,\therefore \begin{cases} 3\dfrac{dx_3}{dt^2}=0 \\ 3\dfrac{dy_3}{dt^2}=3g \end{cases}$$

となる．ベクトルで書くと，

$$m\frac{d^2\vec{x_3}}{dt^2}=\vec{F_3}$$

でニュートンの運動方程式の形になっている．

★少しレベルの高いお話～読みとばしてもらっても全く差し支えない

コラム～対称性と保存則

実は一般的に「空間に連続的な対称性があると，これに対応する保存量が必ず存在する（ネーターの定理）」ことがいえる．

空間の並進対称性は運動量保存則，時間の並進対称性はエネルギー保存則，空間回転対称性は角運動量保存則に対応している．皆さんが良く知っているエネルギー保存則は時間の普遍性がもとになっているのである．

表．対称性と保存則

対称性	保存量
空間並進対称性	運動量
時間並進対称性	エネルギー
空間回転対称性	角運動量

解析力学入門

●解析力学とは

　これまで学習した力学では，注目する物体に対するニュートンの運動方程式をもとめることが最も重要な問題であった．その際，物体に作用する力を我々が「想像して（もちろん，論理的に）」記述しなければならなかった．また，直交座標系以外の座標系でニュートンの運動方程式をもとめることは，大変複雑な思考を要した．そこで，オイラー，ラグランジュなどの物理学者は，我々が「想像する」ことなく，「機械的（＝解析的）」に座標系の選択によらず，簡単にニュートンの運動方程式をもとめる方法を考案した．この方法が「解析力学」である．

　解析力学は，現代の物理学である量子力学や場の量子論を勉強するのに避けては通れない学問であるが，その全てを解説していては長くなってしまう．そこで解析力学の詳細は巻末に紹介した書籍に譲るとして，本書では，「解析力学」の方法の導出や意味，応用など詳しいことには踏み込まず，概観のみを紹介しよう．

●オイラー・ラグランジュ方程式

　物体についての運動方程式を機械的に導く式であるオイラー・ラグランジュ方程式は以下のようである．

☆オイラー・ラグランジュ方程式
$$\frac{d}{dt}\frac{\partial L}{\partial \dot{q}_r} - \frac{\partial L}{\partial q_r} = 0 \quad (r=1, 2, \cdots\cdots, n)$$

である．ここで，「q_r」は力学変数で，直交座標に限らず，一般の座標系における変数であり，「一般化座標」と呼ばれる．$\dot{q}_r = \frac{dq}{dt}$である．一般化座標についている「ドット」は1階時間微分を表す．ドットが2個ついていると2階時間微分を表す．また，「L」はq_rと$\dot{q}_r$との関数で，ラグランジアンと呼ばれ，「$L=T-V$」で表される（Tは系の運動エネルギー，Vは系の位置エネルギー［ポテンシャル］である）．

解析力学の方法で，物体の運動を解く手順を以下に示す．

☆解析力学の方法で物体の運動を解く

> ◎これがすべて！
> ① T と V を力学変数で表し，ラグランジアン $L=T-V$ を決定する．
> ② オイラー・ラグランジュ方程式
> $$\frac{d}{dt}\frac{\partial L}{\partial \dot{q}_r}-\frac{\partial L}{\partial q_r}=0 \quad (r=1,\ 2,\ \cdots\cdots,\ n)$$
> から運動方程式を数学的に導く．ここで導かれた運動方程式は，直交座標系の場合には，ニュートンの運動方程式となる．

例．平面極座標系 $(r,\ \theta)$ における中心力問題の場合．

① ラグランジアン　$L=T-V=\dfrac{1}{2}m(\dot{r}^2+r^2\dot{\theta}^2)-V(r)$

② 変数 r についてのオイラー・ラグランジュ方程式

$$\frac{d}{dt}\frac{\partial L}{\partial \dot{r}}-\frac{\partial L}{\partial r}=0$$

にラグランジアンを代入すると，

$$m\ddot{r}=mr\dot{\theta}^2-\frac{\partial V}{\partial r}$$

変数 θ についてのオイラー・ラグランジュ方程式

$$\frac{d}{dt}\frac{\partial L}{\partial \dot{\theta}}-\frac{\partial L}{\partial \theta}=0 \qquad \cdots(1)$$

にラグランジアンを代入すると，

$$\frac{d}{dt}(mr^2\dot{\theta})=0 \qquad \cdots(2)$$

(1), (2)をまとめて，

運動方程式　$\begin{cases} m\ddot{r}=mr\dot{\theta}^2-\dfrac{\partial V}{\partial r} \\ \dfrac{d}{dt}(mr^2\dot{\theta})=0 \end{cases}$

③ 微分方程式である運動方程式を解き，$r(t)$, $\theta(t)$ を確定する．

一方，これまで学習した解き方は，

> ① ニュートンの運動方程式を想像力を使って書き下す．
> ② 微分方程式である運動方程式を解く．

であった．これまで学習してきた力学と解析力学との違いは，「想像力」を何とか働かせて運動方程式を導くか(物体に作用する力をもれなく書き出す必要がある)，ラグランジアンを与えて機械的に導くかということである．当然，解析力学の方法の方が運動方程式を導くために数学的に洗練された過程を経ているので，「正確」かつ「楽」である．ただし，解析力学ではラグランジアンLを記述する必要がある．ラグランジアンを記述するには系の運動エネルギーTと位置エネルギーV(以下，ポテンシャルという)をもとめなければならない．しかしながら，想像力を働かせて，系に働く力をすべて書き出すよりも，TとVをもとめる方がはるかに「正確」かつ「楽」なのである．

さらに，解析力学では直交座標系以外の座標系での運動方程式もオイラー・ラグランジュ方程式を使うと簡単にできてしまう．解析力学を使わず，いきなり直交座標系以外の座標系で運動方程式を記述しようとすることは，多大な労力(思考)が必要になってしまうのである．

表．解析力学とこれまでの力学との違い

	解析力学	これまでの力学
メリット	・運動方程式を機械的に導出できる． ・直交座標系以外の一般座標系での記述が容易である．	・ラグランジアンを記述する必要がない．
デメリット	・ラグランジアンを記述する必要がある．	・運動方程式を「想像力」を働かせて何とか記述する必要がある． ・一般の座標系での記述が難しい．

要するに，「はじめにラグランジアンを記述しなければならない(解析力学)」か，「はじめに運動方程式を記述しなければならない(これまでの力学)」かの違いである．そして，通常は，

『ラグランジアンを記述する方がいきなり運動方程式を記述するより正確で容易』である．

【ケース49】　ビルの屋上から質量 $m[\mathrm{kg}]$ のボールを自由落下させた．解析力学の方法で運動方程式をもとめてみよう．

（解説）

落下地点の変位を x，鉛直上向きを正として，運動エネルギーと位置エネルギーは，それぞれ

$$T = \frac{1}{2}m\dot{x}^2$$

$$V = mgx$$

である．したがって，ラグランジアンは，

$$L = T - V = \frac{1}{2}m\dot{x}^2 - mgx$$

となる．オイラー・ラグランジュ方程式

$$\frac{d}{dt}\frac{\partial L}{\partial \dot{x}} - \frac{\partial L}{\partial x} = 0$$

にラグランジアンを代入して，

$$\frac{d}{dt}(m\dot{x}) + mg = 0$$

$$\therefore \quad m\ddot{x} = -mg$$

これはニュートンの運動方程式にほかならない．

【ケース50】　下図のようになめらかな斜面上に質量 $m[\mathrm{kg}]$ の物体がおかれている．解析力学の方法で物体の運動方程式をもとめてよう．

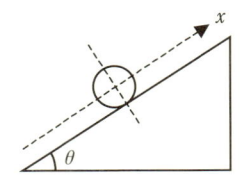

（解説）

斜面と平行方向で上向きを正として，運動エネルギーとポテンシャルは，それぞれ

$$T = \frac{1}{2}m\dot{x}^2$$

$$V = mgx\sin\theta$$

である．したがって，ラグランジアンは，

$$L = T - V = \frac{1}{2}m\dot{x}^2 - mgx\sin\theta$$

となる．オイラー・ラグランジュ方程式

$$\frac{d}{dt}\frac{\partial L}{\partial \dot{x}} - \frac{\partial L}{\partial x} = 0$$

にラグランジアンを代入して，

$$\frac{d}{dt}(m\dot{x}) + mg\sin\theta = 0$$

$$\therefore \; m\ddot{x} = -mg\sin\theta$$

これはニュートンの運動方程式にほかならない．

【ケース51】 下図のようにばね定数 k[N/m]のばねに質量 m[kg]のおもりがついていて，なめらかな床の上を単振動している．ばねの自然長からおもりの位置を原点，さらにはじめの位置が右向きに最大振幅の A_0[m]である．解析力学の方法で物体の運動方程式をもとめてよう．

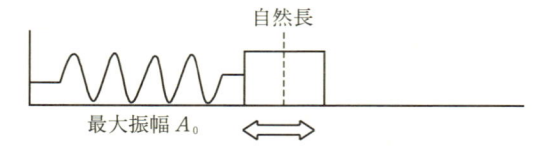

（解説）
　右向きを正として，運動エネルギーとポテンシャルは，それぞれ

$$T = \frac{1}{2}m\dot{x}^2$$

$$V = \frac{1}{2}kx^2$$

である．したがって，ラグランジアンは，

$$L = T - V = \frac{1}{2}m\dot{x}^2 - \frac{1}{2}kx^2$$

となる．オイラー・ラグランジュ方程式

$$\frac{d}{dt}\frac{\partial L}{\partial \dot{x}} - \frac{\partial L}{\partial x} = 0$$

にラグランジアンを代入して，

$$\frac{d}{dt}(m\dot{x}) + kx = 0$$

$$\therefore \ m\ddot{x} = -kx$$

これはニュートンの運動方程式にほかならない．

● ハミルトンの正準方程式

　解析力学のもう1つの方法に，ハミルトン形式がある．ハミルトン形式では，オイラー・ラグランジュ方程式に対応しているものとして，ハミルトンの正準方程式がある．これらは全く等価である．物体の運動を調べるのに，オイラー・ラグランジュ形式でも十分であるのに，あえてハミルトン形式が有用な理由として，オイラー・ラグランジュの運動方程式は2階の微分方程式であったが，ハミルトンの正準方程式から導かれる運動方程式は「微分方程式が1階である」という特徴がある．ただし，その代償としてハミルトン形式では微分方程式の変数が2倍になるというデメリットもはらんでいる．しかし，1階の微分の方が2階の微分よりも解の性質を調べるのが容易なのは明らかである．また，ハミルトン形式には本書の内容を超えた現代物理学と関連して重要な性質もある．それは，現代物理学の中心の1つである量子力学で必要となる「正準量子化」をハミルトン形式で議論すると，明確におこなえるということである．量子力学の詳細は，本書の内容を超越しているので，他の参考書を参照されたい．

　それでは，ハミルトン形式について説明していこう．
オイラー・ラグランジュ方程式と等価なものとして正準方程式がある．

☆正準方程式

$$\frac{dq_r}{dt} = \frac{\partial H}{\partial p_r}, \quad \frac{dp_r}{dt} = -\frac{\partial H}{\partial q_r} \quad (r=1, 2, \ldots, n)$$

ここで，「p_r」は一般化運動量と呼ばれ，

$$p_r = \frac{\partial L}{\partial \dot{q}_r}$$

で定義される量である．また，「H」は q_r, p_r, t の関数で，ハミルトニアンと呼ばれ，

$$H=\sum_{r=1}^{n}p_r\dot{q}_r-L$$

で表される．

【ケース52】 ビルの屋上から質量 m[kg]のボールを落下させた．ハミルトン形式で運動方程式をもとめてみよう．

（解説）

鉛直上向きを正として，運動エネルギーとポテンシャルは，それぞれ

$$T=\frac{1}{2}m\dot{x}^2$$
$$V=mgx$$

である．したがって，ラグランジアンは，

$$L=T-V=\frac{1}{2}m\dot{x}^2-mgx$$

となる．一般化運動量は，

$$p=\frac{\partial L}{\partial \dot{x}}=m\dot{x}$$

ハミルトニアンは，

$$H=m\dot{x}\cdot\dot{x}-\left(\frac{1}{2}m\dot{x}^2-mgx\right)=\frac{1}{2}m\dot{x}^2+mgx$$

正準方程式は，

$$\frac{dx}{dt}=\frac{\partial}{\partial(m\dot{x})}\left(\frac{1}{2}m\dot{x}^2+mgx\right), \frac{d}{dt}(m\dot{x})=-\frac{\partial}{\partial x}\left(\frac{1}{2}m\dot{x}^2+mgx\right)$$

$$\therefore\ \dot{x}=\dot{x},\ m\ddot{x}=-mg$$

第1式は自明，第2式はニュートンの運動方程式にほかならない．

付　録

力学入門練習問題

［練習1］
原点にいる人が x 軸上を正の方向に4[m]進み，その後，負の方向に6[m]進んだ．移動距離と変位をそれぞれもとめなさい．

［練習2］
Aさんは大学から一番近いコンビニを探して，西に5[km]，それから南に6[km]歩いた．このときのAさんの出発点からの移動距離と出発点からの変位をもとめなさい．ここで，東を x 軸の正方向，北を y 軸の正方向，出発点を原点とする．

［練習3］
ボールが一定の速さで転がっている．$t_1=2$[s]のとき，$x_1=15$[m]の位置にあり，$t_2=10$[s]のとき，$x_2=-1$[m]の位置にあった．ボールの速さと速度をもとめなさい．

［練習4］
60[km/h]で走っている列車の窓から見た雨の速度をもとめなさい．ここで，雨の速度は鉛直下向きに40[km/h]であるとする．

［練習5］
時間 $t=2$[s]のときの速度が $v=8$[m/s]，時間 $t=12$[s]のときの速度が $v=-16$[m/s]である等加速度直線運動をしている物体の加速度をもとめなさい．

［練習6］
速さ10[m/s]で等加速度で直進している車が，同方向に加速度2[m/s²]で，3

[s]間加速した．3[s]後の速度をもとめなさい．

［練習7］
速さ30[m/s]で走っているバスが渋滞にあい，加速度$-4.0[m/s^2]$で3.0[s]間減速した．3.0[s]後の速さとこの3.0[s]間の変位をもとめなさい．

［練習8］
速さ16[m/s]で走っているタクシーが，客を見つけ，乗車させるために加速度$-8.0[m/s^2]$で減速して停止した．この間の変位をもとめなさい．

［練習9］
高さ78.4[m]の建物の屋上からボールを自由落下させた．重力加速度を$g=9.8$[m/s²]として，以下の問いに答えなさい．
(1)　3.0[s]後のボールの速度と地面からの高さをもとめなさい．
(2)　地面に着くまでにかかる時間と，地面に着く直前の速度をもとめなさい．

［練習10］
高さ137.5[m]の建物の屋上からボールを初速度3.0[m/s]で投げ下ろした．重力加速度を$g=9.8[m/s^2]$として，以下の問いに答えなさい．
(1)　2.0[s]後のボールの速度と地面からの高さをもとめなさい．
(2)　地面に着くまでにかかる時間と，地面に着く直前の速度をもとめなさい．

［練習11］
高さ233.6[m]の建物の屋上から初速度10[m/s]でボールを投げ上げた．重力加速度を$g=9.8[m/s^2]$として，以下の問いに答えなさい．
(1)　3.0[s]後のボールの速度と地面からの高さをもとめなさい．
(2)　地面に着くまでにかかる時間と，地面に着く直前の速度をもとめなさい．

［練習12］
質量6.0[kg]のボールが15[N]の力で押されている．このときの物体の加速度

をもとめなさい．

[練習13]
質量 3.0[kg]のボールが右向きに 10[N]，左向きに 16[N]の力を受けている．このときの物体の加速度をもとめなさい．

[練習14]
下図のように質量 $m_A=5$[kg]の物体Aに水平方向に 30[N]の力が作用している．この物体Aが質量 $m_B=10$[kg]の物体Bを押している．床には摩擦がないとして，物体AとBの加速度（等しい）と物体Aが物体Bを押す力をもとめなさい．

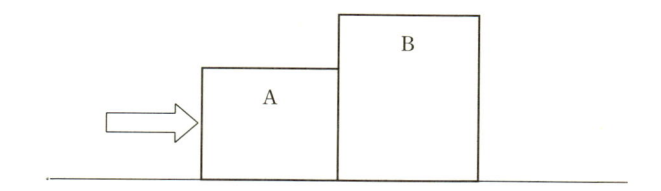

[練習15]
下図のようになめらかな斜面上にある質量 10[kg]の物体がロープで支えられていて静止している．ロープを引っ張る力は 98[N]であり，斜面の角度は 45°とする．また，斜面や滑車などの摩擦は無視できる．このとき，物体に働く重力，垂直抗力，加速度の大きさをもとめなさい．重力加速度を $g=9.8$[m/s²]，$\sqrt{2}=1.4$ とする．

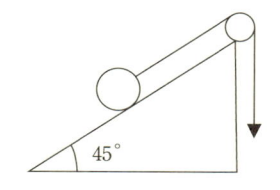

[練習16]
次の図のようになめらかな平面上に質量 2[kg]の物体が静止している．この物体を 12[N]の力で押し続ける．t 秒後の物体の速度と変位を積分を使ってもと

めなさい．

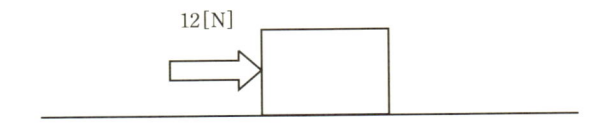

[練習17]
下図のように45°のなめらかな斜面上に質量4[kg]の物体を静止しておいた．t秒後の物体の速度と変位を積分を使ってもとめなさい．重力加速度をg[m/s²]とする．

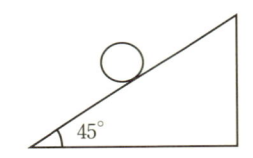

[練習18]
下図のようになめらかな平面上に質量2[kg]の物体が静止しておかれている．この物体を右方向に$2t+4$[N]の力で押し続ける．t秒後の物体の速度と変位を積分を使ってもとめなさい．

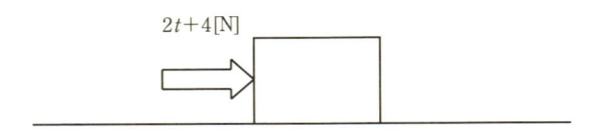

[練習19]
下図のようになめらかな平面上に糸でつながれた質量がそれぞれ$m_A=6.0$[kg]，$m_B=2.0$[kg]の物体A，Bが静止した状態でおかれている．物体Bを24[N]の力で引っ張ったとき，糸の張力T，物体Aの3.0[s]後の速度と変位を積分を使ってもとめなさい．

[練習20]

下図のようになめらかな斜面上に糸でつながれた質量 $m_A = 10$[kg]の物体Aと，糸でぶら下がっている質量 $m_B = 15$[kg]の物体Bがはじめに静止した状態でおかれた．斜面の角度は30°である．このとき，糸の張力，2.0[s]後の物体Aの速度と変位をもとめなさい．ここで，重力加速度を $g = 9.8$[m/s^2]とする．

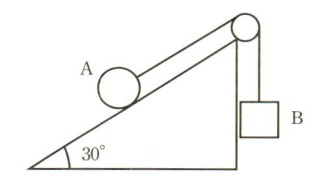

[練習21]

地上のある地点から，水平方向から上方に45°の方向に，初速度28[m/s]でボールを投げ上げた．次の問いに答えなさい．ただし，重力加速度を $g = 9.8$[m/s^2]，$\sqrt{2} = 1.4$ とする．

(1) 初速度の水平成分と鉛直成分をもとめなさい．
(2) ボールが地面に落ちた地点はボールを投げた地点から何 m はなれているかをもとめなさい．

[練習22]

半径8[m]の円周上を等速円運動する物体が4周するのに20[s]かかった．円運動の角速度，速さ，加速度の大きさを π を用いてもとめなさい．

[練習23]

摩擦のない床に置かれた物体を，下図のように5.0[N]の力で水平方向に引っ張ると，物体は力と同方向に4.0[s]間で20[m]動いた．物体になされた仕事と仕事率をもとめなさい．

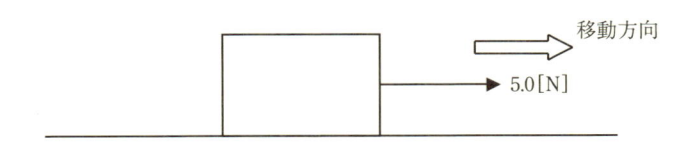

[練習24]
摩擦のない床に置かれた物体を，下図のように14[N]の力で水平方向と45°の方向に引っ張ると物体は力と水平方向に4.0[s]間で10[m]動いた．物体になされた仕事と仕事率をもとめなさい．ここで，$\sqrt{2}=1.4$で計算すること．

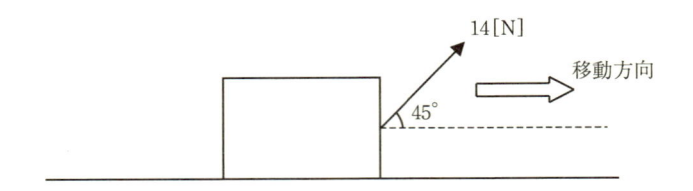

[練習25]
摩擦のない床におかれた物体を，下図のように力$\vec{F}$で水平方向に引っ張った．力の大きさと変位の時間変化は，

$$F(t) = \frac{1}{2}t$$

$$x(t) = \frac{1}{64}t^3$$

である．はじめの4.0[s]間になされた仕事と4.0[s]後の瞬間の仕事率をもとめなさい．

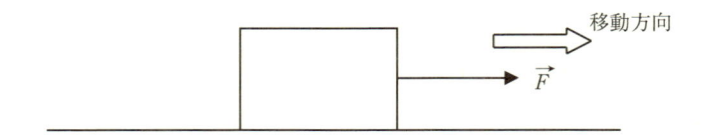

[練習26]
地面からの高さ4.0[m]の地点で質量8.0[kg]のボールが速さ10[m/s]で運動している．この物体の運動エネルギーT，高さによる位置エネルギーV，力学的エネルギーEをもとめなさい．ただし，重力加速度を$g=9.8$[m/s^2]とする．

[練習27]
次の図のように地面から高さ20[m]の地点で質量4.0[kg]のボールが速さ7.0[m/s]で運動している．なめらかな斜面を地面まで転がり落ちた時の物体の運

動エネルギーと速さをもとめなさい．ただし，重力加速度を $g=9.8[\text{m/s}^2]$ とする．

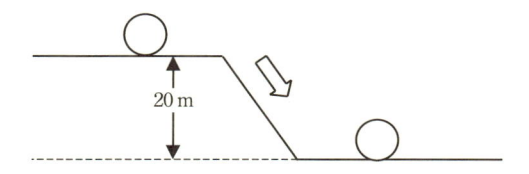

[練習28]
地面から質量 $4.00[\text{kg}]$ のボールを初速度 $14.0[\text{m/s}]$ で鉛直上方に投げ上げた．重力加速度を $g=9.80[\text{m/s}^2]$ として，次の問いに答えなさい．
(1) 投げ上げた瞬間のボールの運動エネルギー T_0，位置エネルギー V_0，力学的エネルギー E_0 をもとめなさい．
(2) 地上から $4.00[\text{m}]$ の高さにおけるボールの運動エネルギー T_1，位置エネルギー V_1，力学的エネルギー E_1 をもとめなさい．
(3) 最高点における運動エネルギー T_2，位置エネルギー V_2，力学的エネルギー E_2 をもとめなさい．

[練習29]
下図のように質量 $4.0[\text{kg}]$ の静止した物体を $20[\text{N}]$ の力で引っ張った．床と物体の間の静止摩擦係数と動摩擦係数はそれぞれ $\mu_s=0.30$，$\mu_k=0.10$ である．物体が動き出すのに最低限必要な力，$20[\text{N}]$ の力で引っ張ったときの物体に生じる加速度，物体が $10[\text{s}]$ 間に動く距離をもとめなさい．ただし，重力加速度を $g=9.8[\text{m/s}^2]$ とする．

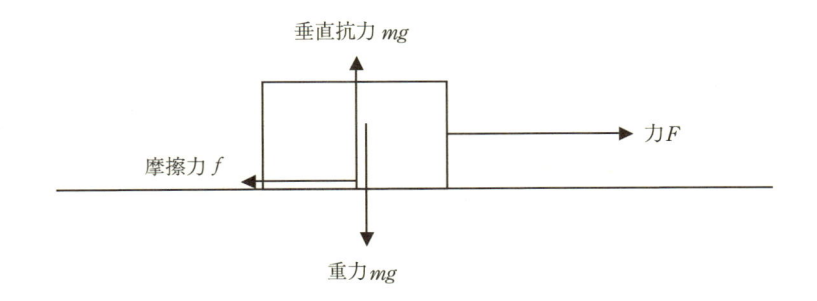

[練習30]

下図のように質量 2.0[kg]の物体が 45°の斜面に手を添えることで静止して置かれている。斜面と物体の間の動摩擦係数は $\mu_k=0.40$ である。手をはなしたとき、物体に生じる加速度と物体が 5.0[s]間に動く距離をもとめなさい。ここで、重力加速度を $g=9.8[m/s^2]$, $\sqrt{2}=1.4$ として計算する。

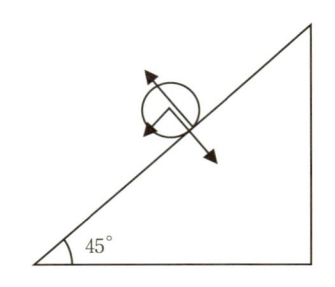

[練習31]

下図のようにばね定数 $k=4.0[N/m]$であるばねが自然長から 3.0[m]伸びている。このとき、ばねの力の大きさとばねによる位置エネルギーをもとめなさい。

[練習32]

下図のように質量 4[kg]の箱が、なめらかな床の上を、速さ 6[m/s]で左向きに動いている。その後、ばね定数 $k=9[N/m]$のばねに衝突して、ばねを押し縮めた。物体が静止した瞬間のばねの縮んだ長さをもとめなさい。

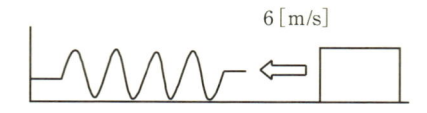

[練習33]

次の図のように質量 8[kg]のブロックが、自然長から 0.4[m](変位 $x=-0.4$[m])縮んでいるばね定数 4.9[N/m]のばねによって加速されて、ばねが自然長

になったところでばねからはなれ，その後，静止した．自然長になった地点までの床はなめらかで，その後，床は粗く，動摩擦係数が $f_k=0.1$ である．ブロックと床との間に生じる熱エネルギーと粗い床の上をブロックが進んだ距離をもとめなさい．重力加速度は $g=9.8 [\mathrm{m/s^2}]$ を用いること．

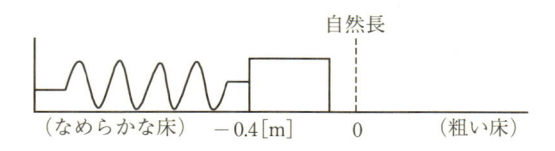

[練習34]
下図のようにばね定数 $8 [\mathrm{N/m}]$ のばねに質量 $4 [\mathrm{kg}]$ のおもりがついていて，なめらかな床の上を単振動している．ばねの自然長におけるおもりの位置を原点，さらにはじめの変位が右向きに最大振幅の $2 [\mathrm{m}]$ であるとして，おもりの運動を解きなさい．

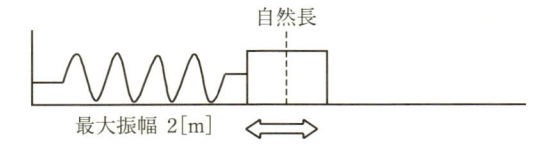

[練習35]
下図のような糸の長さが ℓ である振り子がある．振り子の変位 x と速度 v を時間 t の関数で表しなさい．ここで，$t=0$ のとき変位 $x=0$，運動の最大振幅を x_0 とする．また，重力加速度として，$g [\mathrm{m/s^2}]$ を用いること．

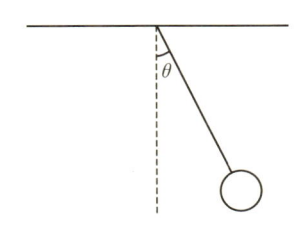

[練習36]
次の図のようにばね定数 $0.4 [\mathrm{N/m}]$ のばねに質量 $0.2 [\mathrm{kg}]$ のおもりがついてい

る．おもりと，ばねの重力とのつり合いの位置から 0.4[m] のばして，手をはなした．おもりには速度 v に比例する空気抵抗「$-0.6v$」が働く．鉛直上方を正として，おもりの運動を解きなさい．

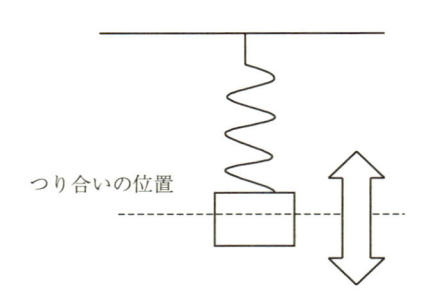

つり合いの位置

[練習37]
ばね定数 0.9[N/m] のばねに質量 0.1[kg] のおもりがついている．おもりと，ばねの重力とのつり合いの位置から 0.5[m] のばして，手をはなす．おもりには，強制的に，$0.4\sin 4t$ [N] の力が作用しているとして，おもりの運動方程式を書きなさい．

[練習38]
隕石は地球の重力によってひきつけられている．隕石と地球の中心との距離を 2.0×10^7[m]，地球と隕石の質量をそれぞれ，6.0×10^{24}[kg]，3.0×10^2[kg] として，地球が隕石に及ぼす重力と，隕石の持つ重力ポテンシャルをもとめなさい．ただし，重力定数 G を 6.67×10^{-11} [m³/(kg·s²)] とする．

[練習39]
月の表面からロケットが離陸し，無限遠方まで進むことのできる脱出速度をもとめなさい．ただし，月の質量を 7.4×10^{22}[kg]，その半径を 1.7×10^6[m]，重力定数 G を 6.67×10^{-11} [m³/(kg·s²)] とする．

[練習40]
次の図のようになめらかな床の上で質量 $m_1=3.0$[kg]，$m_2=8.0$[kg] の物体 1

と物体2がそれぞれ，右向きを正として，速度 $v_1=20[\mathrm{m/s}]$, $v_2=-10[\mathrm{m/s}]$ で衝突した．衝突後，物体1の速度は $v_1'=-10[\mathrm{m/s}]$ となった．このとき，物体2の速度をもとめなさい．

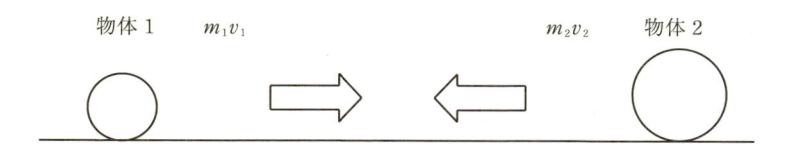

[練習41]

下図のようになめらかな床の上で質量 $m_1=4.0[\mathrm{kg}]$, $m_2=10.0[\mathrm{kg}]$ の物体1と物体2が接して静止している．物体1と物体2の接している面に火薬が塗られている．火薬が爆発したとき，物体1が左向きに $40[\mathrm{m/s}]$ の速度で走り出した．このとき，物体2の速度をもとめなさい．

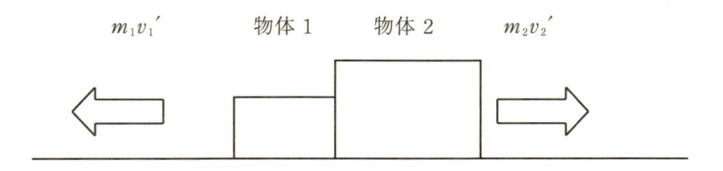

[練習42]

下図において，力 F_1（大きさ $6.0[\mathrm{N}]$）につり合う力の大きさ F_2 をもとめなさい．

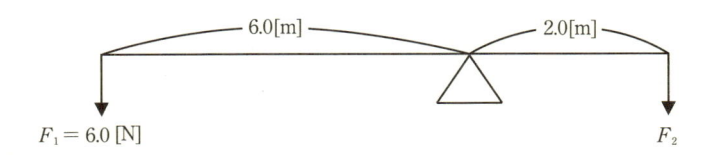

[練習43]

次の図において，力 F_1（大きさ $12[\mathrm{N}]$）につり合う力 F_2 の大きさをもとめなさい．ここでは，$\sqrt{2}=1.4$ として計算する．

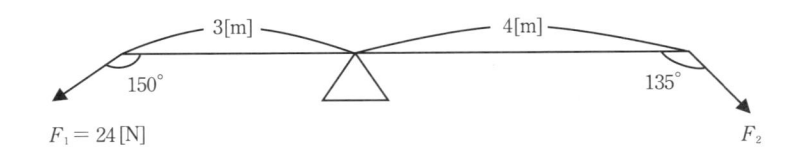

[練習44]
下図のように，糸でつながれた質量 0.5[kg]のおもりを手で回している．回転半径は 0.4[m]，おもりの速さは 2[m/s]である．糸をたぐりよせて，回転半径を短くしていき，半径が 0.1[m]になったときの物体の速さをもとめなさい．

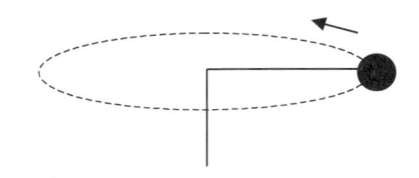

[練習45]
下図のように，糸でつながれたおもりを手で回している．回転半径は 0.4[m]，おもりの角速度は $\frac{\pi}{16}$[rad/s]である．このとき，この物体の面積速度を π を用いてもとめなさい．

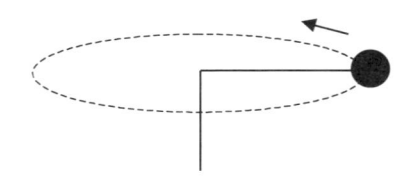

[練習46]
質量 2[kg]の物体が落下している．この運動について慣性系の xy 直交座標系を x 軸方向に -4[m]，y 軸方向に -5[m]だけ平行移動した $x_1 y_1$ 直交座標系で考える．$x_1 y_1$ 直交座標系における物体の運動方程式をもとの xy 直交座標系におけるものから導きなさい．

[練習47]

質量 2[kg] の物体が 30° の斜面を滑っている．この運動について慣性系の xy 直交座標系を 30° 回転移動した x_2y_2 直交座標系で考える．x_2y_2 直交座標系からみた物体の運動方程式をもとめなさい．

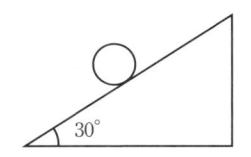

[練習48]

質量 2[kg] の物体が落下している．この運動について慣性系の xy 直交座標系に対して，x 軸正方向に速さ -3[m/s]，y 軸方向に 5[m/s] で等速直線運動する x_3y_3 直交座標系で考える．x_3y_3 直交座標系における物体の運動方程式をもとの xy 直交座標系におけるものから導きなさい．

[練習49]

ビルの屋上から質量 2[kg] のボールを自由落下させた．鉛直下向きを正として，解析力学の方法で運動方程式をもとめなさい．ただし，重力加速度を g とする．

[練習50]

下図のように 45° のなめらかな斜面上に質量 6[kg] の物体がおかれている．解析力学の方法で物体の運動方程式をもとめなさい．ただし，重力加速度を g とする．

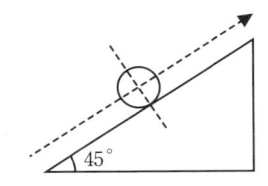

[練習51]

下図のようにばね定数 0.2 [N/m] のばねに質量 4[kg] のおもりがついていて，なめらかな床の上を単振動している．ばねの自然長からのおもりの位置を原点として，解析力学の方法で物体の運動方程式をもとめなさい．

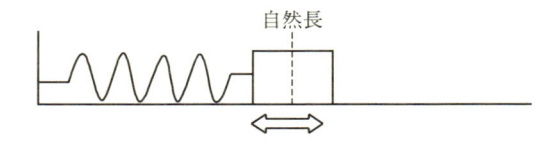

[練習52]

下図のように 30°のなめらかな斜面上に質量 4[kg] の物体がおかれている．ハミルトン形式で運動方程式をもとめなさい．ただし，重力加速度を g とする．

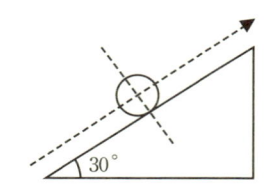

【練習問題解答例】

解答例中で「約」と書かれている場合は四捨五入して問題文中の有効数字にあわせて解を得ている場合となっている．この教科書中では有効数字の議論はあえてしていないので，必ずしも一致していなくても，四捨五入してあっていれば正解と考えてよいだろう．

[1] 距離 10[m]，変位 −2[m]

[2] 距離 11[km]，変位 (−5, −6)

[3] 速さ 2[m/s]，速度 −2[m/s]

[4] 水平方向からの角度を θ として $\tan\theta=\dfrac{2}{3}$ の方向に，72[km/h]

[5] −2.4[m/s²]

[6] 16[m/s]

[7] 速さ 18[m/s]，変位 72[m]

[8] 16[m]

[9] (1) 鉛直下向きに約 29[m/s]，約 34[m]　(2) 約 4.0[s]，約 39[m/s]

[10] (1) 鉛直下向きに約 23[m/s]，約 112[m]　(2) 約 5.0[s]，約 52[m/s]

[11] (1) 鉛直下向きに約 19[m/s]，約 220[m]
　　 (2) 約 8.0[s]，鉛直下方に約 68[m/s]

[12] 2.5[m/s²]

[13] 左向きに 2.0[m/s²]

[14] 右向きに 2.0[m/s²]，右向きに 20[N]

[15] 重力 98[N]，垂直抗力 70[N]，加速度 斜面上方に 2.8[m/s²]

[16] 速度 右向きに $6t$[m/s]，変位 右に $3t^2$[m]

[17] 速度 斜面に沿って下方に $\dfrac{\sqrt{2}}{2}gt$[m/s]，変位 斜面下方に $\dfrac{\sqrt{2}}{4}gt^2$[m]

[18] 速度 右向きに $\dfrac{1}{2}t^2+2t$ [m/s]，変位 右向きに $\dfrac{1}{6}t^3+t^2$[m]

[19] 張力 18[N]，速度 右向きに約 9.0[m/s]，変位 右向きに約 14[m/s]

[20] 張力 88[N]，速度 斜面に沿って上方に 7.8[m/s]，変位 斜面上方に 7.8[m/s]

[21] (1) 水平成分 20[m/s]，鉛直成分 20[m/s]　(2) 82[m]

[22] 角速度 $\frac{2}{5}\pi$[rad/s]，速さ $\frac{16}{5}\pi$[m/s]，加速度 $\frac{32}{25}\pi^2$ [m/s²]

[23] 仕事 100[J]，仕事率 25[W]

[24] 仕事 100[J]，仕事率 25[W]

[25] 仕事 1.5[J]，仕事率 1.5[W]

[26] $T=400$[J]，$V=310$[J]，$E=710$[J]

[27] 運動エネルギー 880[J]，速さ 21[m/s]

[28] (1) $T_0=392$[J]，$V_0=0$[J]，$E_0=392$[J]
　　(2) $T_1=$ 約 235[J]，$V_1=$ 約 157[J]，$E_1=392$[J]
　　(3) $T_2=0$[J]，$V_2=392$[J]，$E_2=392$[J]

[29] 最低必要な力 約 12[N]，加速度 右方向に約 4.0[m/s²]，変位 右方向に 201[m]

[30] 加速度 斜面に沿って下方に 4.2[m/s²]，斜面下方に約 53[m]

[31] 力の大きさ 12[N]，位置エネルギー 18[J]

[32] 4[m]

[33] 生じた熱エネルギー 約 0.4[J]，進んだ距離 0.05[m]

[34] $x=2\cos\sqrt{2}\,t$ [m]

[35] $x=x_0\sin\sqrt{\frac{g}{\ell}}\,t$ [m]，$v=\sqrt{\frac{g}{\ell}}\,x_0\cos\sqrt{\frac{g}{\ell}}\,t$ [m/s]

[36] $x=0.8e^{-t}-0.4e^{-2t}$ [m]

[37] $0.1\dfrac{d^2x}{dt^2}=-0.9x+0.4\sin 4t$

[38] 重力 300[N]，重力ポテンシャル 6.0×10^9[J]

[39] 2.4×10^3[m/s]

[40] 約 1.1[m/s]

[41] 右向きに 16[m/s]

[42] 18[N]

[43] 13[N]

[44] 8[m/s]

[45] $\dfrac{\pi}{200}$[m²/s]

[46] $\begin{cases} 2\dfrac{d^2x_1}{dt^2}=0 \\ 2\dfrac{d^2y_1}{dt^2}=-2g \end{cases}$

[47] $\begin{cases} 2\dfrac{d^2x_2}{dt^2}=g \\ 2\dfrac{d^2y_2}{dt^2}=0 \end{cases}$

[48] $\begin{cases} 2\dfrac{d^2x_3}{dt^2}=0 \\ 2\dfrac{d^2y_3}{dt^2}=-2g \end{cases}$

[49] $2\dfrac{d^2x}{dt^2}=2g$

[50] $6\dfrac{d^2x}{dt^2}+3\sqrt{2}g=0$

[51] $4\dfrac{d^2x}{dt^2}+0.2x=0$

[52] $\dot{p}=-2g$

あとがき

　物理を本格的に学習するなら本書では不十分である．本書を学習し終えたら，ぜひ以下のシリーズをやってもらいたい．
・理工系の数学入門コース　1～8（岩波書店）
・物理入門コース　1～10（岩波書店）
どちらのコースもイメージを大切に，丁寧に書かれている．また，コースになっているため，階段を上るように一歩ずつ，無理なく，無駄なく学習できる．「数学入門コース」では，7，8巻については，専門分野で不要な場合はとばしても良いと思う．また，「物理入門コース」でも7～9巻は必要に応じてとばしても良いだろう．10巻は「数学入門コース」を学習すれば，その概論になるので読みとばして問題ない．

　その他にも，さまざまな参考書が出版されているので，自分に最も合ったもので学習することが一番である．

2006年8月

樋口　勝一
瀬波　大土

《著者紹介》

樋口 勝一（ひぐち かついち）

　略　　歴
　　1992年　大阪大学工学部原子力工学科卒業.
　　1994年　大阪大学工学研究科原子力工学専攻修士課程修了.
　　1994-96年　京都大学数理解析研究所研究生.
　　1998年　京都大学工学研究科原子核工学専攻修士課程修了.
　　2001年　京都大学工学研究科原子核工学専攻博士課程単位取得満期退学.
　　　　　　神戸海星女子学院大学助教授.
　　現在に至る.
　専門分野
　　素粒子論，キャリアコンサルタント

瀬波 大土（せなみ まさと）博士（工学）

　略　　歴
　　1999年　京都大学工学部物理工学科卒業.
　　2001年　京都大学工学研究科原子核工学専攻修士課程修了.
　　2004年　京都大学工学研究科原子核工学専攻博士課程修了.
　　　　　　東京大学宇宙線研究所研究員.
　　現在に至る.
　専門分野
　　素粒子論，宇宙論

数学からやりなおす!!
大学生のためのリメディアル力学入門

2007年2月20日　初版第1刷発行　　＊定価はカバーに表示してあります

	著　者	樋　口　勝　一
著者の了解により検印省略		瀬　波　大　土
	発行者	上　田　芳　樹
	印刷者	田　中　雅　博

発行所　株式会社　晃洋書房

〒615-0026　京都市右京区西院北矢掛町7番地
　　　　　電話 075(312)0788番（代）
　　　　　振替口座／01040-6-32280

印刷　創栄図書印刷㈱
製本　㈲藤沢製本

ISBN978-4-7710-1828-0